"112 +" "水库保姆" 管护模式

云南秀川管理咨询有限公司　编著

中国水利水电出版社
www.waterpub.com.cn

·北京·

内 容 提 要

　　本书基于"112＋""水库保姆"管护模式的实践创新和经验总结,分析了小型水库运行管护面临的新形势新要求,介绍了"水库保姆"管护模式及管护机制的优势和经验成效,阐释了"水库保姆"的管护工作内容、工作流程和工作要求,以期为云南省乃至全国进一步深化小型水库专业化管护改革、保障水库安全运行和持续发挥效益提供参考借鉴。

　　本书可作为水库管理单位及有关人员培训的辅导用书,也可作为院校水利类及相关专业的教学参考书。

图书在版编目(CIP)数据

"112＋""水库保姆"管护模式 / 云南秀川管理咨询有限公司编著. -- 北京 : 中国水利水电出版社,
2025. 5. -- ISBN 978-7-5226-3416-6

Ⅰ. TV697.1

中国国家版本馆CIP数据核字第2025LQ6883号

书　　名	**"112＋""水库保姆"管护模式** "112＋""SHUIKU BAOMU" GUANHU MOSHI
作　　者	云南秀川管理咨询有限公司　编著
出版发行	中国水利水电出版社 (北京市海淀区玉渊潭南路1号D座　100038) 网址:www.waterpub.com.cn E-mail:sales@mwr.gov.cn 电话:(010)68545888(营销中心)
经　　售	北京科水图书销售有限公司 电话:(010)68545874、63202643 全国各地新华书店和相关出版物销售网点
排　　版	中国水利水电出版社微机排版中心
印　　刷	天津嘉恒印务有限公司
规　　格	184mm×260mm　16开本　11.75印张　286千字
版　　次	2025年5月第1版　2025年5月第1次印刷
定　　价	**78.00元**

《"112＋""水库保姆"管护模式》
编委会

水是生存之本、文明之源、生态之基，水利工程是民生工程、发展工程、安全工程。习近平总书记高度重视水库安全，强调要坚持安全第一，加强隐患排查预警和清除，确保现有水库安然无恙，为做好水库安全管理工作指明了方向，提供了根本遵循。经济社会的快速发展，加之近年来极端气候事件频发，对水库安全管理提出更高要求，也带来严峻挑战。小型水库作为重要的水利基础设施，承载着防洪、灌溉、供水、发电、生态等多重功能，在经济社会发展和防灾减灾中发挥了极其重要的作用。但小型水库大部分存在长期"散养"、管理责任难落实、管护机制不健全、安全运行难保障、工程效益难发挥等问题，与新时代水利高质量发展要求不相适应，亟须通过改革的办法和创新的思维探索形成管护新模式，助力小型水库安全运行，使其经济效益、社会效益、生态效益得到充分发挥。

云南省水利厅高度重视小型水库物业化管理改革，强化组织领导，专题研究部署，推动形成了"112＋""水库保姆"管护新模式，在全省53个县（市、区）的2581座小型水库推广复制，明显提高了小型水库的安全成色、形象面貌和效益指数，实现了小型水库管理标准化、管理信息化、管理透明化、管护专业化、管护计量化、管护规范化的"六化"目标。"水库保姆"成效被人民网、新华网、中国网、云南电视台等主流媒体宣传报道，入选云南省"2024年作风革命效能革命第二批先进典型"，得到水利部部长李国英的批示肯定，云南省人民政府省长王予波指示要求打造"水库保姆"管护模式"教科书"、示范引领。

本书基于"112＋""水库保姆"管护模式的实践创新和经验总结，分析了小型水库运行管护面临的新形势新要求，介绍了"水库保姆"管护模式及管护机制的优势所在和经验成效，阐释了"水库保姆"的管护工作内容、工作流程和工作要求，以期为云南省乃至全国进一步深化小型水库专业化管护改革、保障水库安全运行和持续发挥效益提供参考借鉴。相信本书的出版能够对水库管理单位及有关人员有所帮助。

由于编者水平所限，书中不妥之处、疏漏之处诚请水利工程管护领域专家和广大读者批评指正。

编者

2025 年 3 月

目 ■

■ 录

第1章

绪　论

　　云南省水利系统在册水库有 7111 座，其中小型水库有 6848 座，占水库总数的 96.3%，小型水库的运行安全是全省水库运行管理工作的重点。小型水库中的小（2）型水库有 5583 座，占小型水库总数的 81.5%，小（2）型水库又是小型水库安全运行管理的重中之重。

　　小型水库安全运行管理普遍存在着管理力量不足、专业技术缺乏、管理不规范、维修养护不到位、信息化程度不高、安全隐患多等问题，是水库运管工作的难点、痛点、堵点。如何在新时代提升小型水库专业运管水平，确保小型水库工程安全长效运行，已成为水利工作人员面临的一大挑战。

　　现阶段，云南省小型水库按照负责日常安全运行管理工作的主体分为县（市、区）水务局管理的水库和乡镇（街道）管理的水库。其中，县（市、区）水务局管理的水库以小（1）型水库为主，基本能做到安全运行。占小型水库数量 81.5% 的小（2）型水库主要由乡镇（街道）负责管理，多年督查或检查发现乡镇（街道）管理的小型水库安全隐患问题最多，水库安全运行风险最高，发生溃坝的可能性最大。

1.1　小型水库安全运行风险及原因分析

　　本书重点研究云南省乡镇（街道）管理的小型水库安全运行风险。

1.1.1　风险分析

1. 综合管理方面

　　由于地方财政困难，绝大多数乡镇（街道）直接将辖区内的小型水库交给村集体管理，村集体缺乏稳定经费开展水库管护工作，还透支使用水库，存在水库管护不到位突发灾害的风险。

2. 防汛"三个责任人"❶ 落实、履职方面

　　（1）水库行政责任人责任落实不到位。首先是水库行政责任人没有能力解决村集体负责管理的小型水库维修管护经费，其次是对水库现场巡查管护人员履职跟踪问效不够，存

---

　　❶　"三个责任人"是指行政责任人、技术责任人和巡查责任人。

在对村集体管理的小型水库监管不到位的风险。

（2）水库技术负责人专业水平参差不齐。水库技术负责人基本上为原水管站工作人员或新组建的乡镇农业服务中心工作人员，由于水利工程专业性较强，存在部分水库安全运行没有专业技术支撑的风险。

（3）水库巡查管护人员履职情况较差。水库日常观测记录工作不规范，日常维修养护工作不到位，溢洪道淤积影响行洪的情况较为普遍，水库安全运行存在不确定性风险。

3．"三个重点环节"❶ 落实、演练方面

（1）部分水库未按要求开展调度演练和应急演练，反映出该地方政府和"三个责任人"对"防大汛、抗大洪、抢大险、救大灾"的认识不足，水库安全运行存在缺失危机意识和应急措施的风险。

（2）水库巡查记录和水位观测记录不齐全、不规范，有些水库水位标尺损坏和老化，甚至没有设置水位标尺或标识，存在部分水库几乎没有测报能力的风险。

4．运行管理方面

（1）部分水库大坝安全鉴定为三类坝，存在水库带病运行甚至突发事故的风险。

（2）部分水库在汛期超汛限水位运行，在溢洪道进口设置闸门或拦挡，存在遭遇超标洪水溃坝的风险。

5．工程实体方面

（1）部分水库大坝坝顶兼作乡村公路，未在坝顶公路两侧设置防护栏，存在坝顶公路发生交通安全事故被索赔的风险。

（2）部分水库在溢洪道进口设置拦鱼栅和拦鱼网，导致库区水面上的各种漂浮物泄洪时在溢洪道进口堆积，严重时会堵塞溢洪道进口，影响和阻碍溢洪道泄洪，存在溢洪道泄洪受限制及溃坝的风险。

（3）部分水库溢洪道和下游行洪通道淤积、杂草丛生，存在溢洪道行洪受限，泄洪通道溢流冲刷后坝坡和冲毁下游农田的风险。

（4）部分水库没有溢洪道，面对极端气候频发可能导致的超标洪水，大坝安全度汛难以保障，存在溃坝的风险。

6．安全鉴定和除险加固方面

（1）部分水库除险加固资金不足，导致水库除险加固不彻底，存在带病运行甚至突发事故的风险。

（2）由于没有资金保障，不能对大坝进行定期"健康体检"，部分水库大坝安全鉴定工作滞后，大坝安全运行存在不确定性风险。

7．设施设备方面

大部分小型水库存在金属结构和机电设备维修养护不到位的问题，存在设施设备突发运行故障的风险。

1.1.2 原因分析

本书从综合管理，防汛"三个责任人"落实、履职，"三个重点环节"落实、演

---

❶ "三个重点环节"是指水雨情测报、水库调度运行方案、水库大坝安全管理（防汛）应急预案。

练，运行管理，工程实体，安全鉴定和除险加固，设施设备等七个方面梳理出了乡镇（街道）管理的小型水库存在的 15 个风险隐患，其中有 5 个风险隐患属于管理方面的问题，有 10 个风险隐患的根源为缺少专项经费，出现这些风险隐患的原因主要有以下三点：

（1）部分小型水库功能萎缩、效益衰减，一些水库长年来水不足、淤积严重，地方政府失于关注、疏于管理。

（2）辖区内的水库多年未发生重大险情，地方政府存在麻痹思想和侥幸心理，对水库运行风险认识不到位。

（3）小型水库中数量少的小（1）型水库基本由地方水行政主管部门负责管理，有稳定的管护经费来源。小型水库中数量众多的小（2）型水库由乡镇（街道）负责管理，多年来由于财政资金困难，乡镇（街道）直接把水库交给村集体管理。而村集体对水库的管理大多是权责不清、维修管护投入严重不足。故地方财政未建立小型水库管理维护、安全鉴定、降等报废等工作的稳定经费来源渠道，是造成小型水库出现上述风险隐患最主要的根源。

1.2　小型水库物业化管理的政策依据

《国务院办公厅转发国务院体改办关于水利工程体制改革实施意见》（国办发〔2002〕45 号）、2011 年中央一号文件、《国务院办公厅关于政府向社会力量购买服务的指导意见》（国办发〔2013〕96 号）、《水利部关于深化水利改革的指导意见》（水规〔2014〕48 号）、《国家发改委　财政部　水利部　关于鼓励和引导社会资本参与重大水利工程建设运营的实施意见》（发改农经〔2015〕488 号）和《云南省人民政府办公厅关于政府向社会力量购买服务的实施意见》（云政办发〔2015〕62 号）、《云南省人民政府关于农村小型水利工程管理体制改革的意见》（云政发〔2009〕87 号）、《云南省水利工程管理条例》明确：鼓励支持单位和个人投资参与水利工程的管理和保护，引导农村集体经济组织、农民用水合作组织、农民和其他社会力量依法建设、经营和运行维护小型水利工程。

《国务院办公厅关于切实加强水库除险加固和运行管护工作的通知》（国办发〔2021〕8 号）和《云南省人民政府办公厅关于切实加强水库除险加固和运行管护工作的通知》（云政办发〔2021〕29 号）均指出：积极创新管护机制，对分散管理的小型水库，切实明确管护责任，实行区域集中管护、政府购买服务、"以大带小"等管护模式；积极培育管护市场，鼓励发展专业化管护企业，不断提高小型水库管护能力和水平。《水利部办公厅关于推动小型水库专业化管护提质增效的通知》（办运管函〔2023〕477 号）要求：要合理设置专业化管护市场主体准入门槛，鼓励社会力量有序规范参与小型水库专业化管护工作，逐步形成具有一定规模的专业化市场主体。《云南省水利厅关于加快推进小型水库专业化管护工作的通知》（云水工管〔2023〕11 号）要求：充分利用中央水利发展资金和省级一般债小型水库维修养护补助资金，优先用于小型水库专业化管护改革工作。积极争取省级涉农统筹资金、地方政府一般债以及市县财政资金和社会资本用于小型水库专业化管护。

1.3　小型水库物业化管理的基本要求

1.3.1　购买服务范围

（1）物业化管理服务向社会力量购买服务范围包括对投入运行的水库及其附属配套设施、设备和相关场地进行巡视检查、维修养护、运行操作、值班值守、制度建设、安全管理、安全监测、档案管理、信息化管理、标准化管理等工作。

（2）白蚁防治及其他有害生物防治等专业性较强的工作应由具备相应能力的第三方机构承担，有明确资质要求的由具有相关资质的单位承担。

1.3.2　各方主体职责

1. 地方人民政府职责

（1）负责组织领导水库物业化管理服务活动，组织协调相关部门解决水库物业化管理服务活动遇到的重大问题。

（2）落实物业化管理服务经费保障。

（3）组织开展检查、督导等工作。

2. 水行政主管部门职责

（1）承担水库大坝安全监管的领导责任。

（2）对本区域内水库物业化管理服务活动进行监督检查。

3. 水库主管部门职责

（1）完善水库必需的雨水情观测设施、管理用房、防汛应急抢险物资和通信设施，完善防汛交通条件，并对水库管理范围进行划界立桩等。

（2）制定购买物业化管理养护服务实施方案，明确购买服务范围、内容、要求等。

4. 水库物业化管理服务单位职责

（1）根据合同约定，履行水库安全运行管理技术责任人和巡查责任人的职责，执行水库安全运行管理规范规章制度，完成所承担水库物业管理活动。

（2）配合执行工程安全运行管理责任主体的防洪（兴利）调度指令，按照有关规程、规范和制度，进行运行操作并做好记录；坚持汛期 24 小时防汛值班值守，按时报送雨水情信息；服从工程安全运行管理责任主体的检查、考评和考核工作。

1.3.3　服务合同管理

（1）水库主管部门应通过公开、公平、公正的市场竞争机制，择优确定水库物业化管理服务单位。

（2）合同应明确服务内容与要求、服务期限、服务费用与支付方式、服务考核办法等内容。购买服务期限不应低于一年，避免在汛期变更水库物业化管理服务单位。

（3）水库物业化管理服务单位应严格按照合同约定和有关规定开展服务活动，严禁将服务内容违法转包或分包。

（4）水库主管部门每年定期对物业化管理服务活动进行监督和考核，考核等级分为不合格、合格、良好、优秀。同时根据考核结果和合同约定实施奖罚，对考核优秀和良好的水库物业化管理服务单位给予奖励，对考核不合格的水库物业化管理服务单位应责令整改，整改不到位的应及时终止履行合同。

（5）县级及以上水行政主管部门应加强物业化管理服务活动的监督检查和业务指导，及时纠正服务活动中的不规范行为，加强水库物业化管理服务单位的信用评价管理。

（6）水库物业化管理服务单位应当在合同终止时，将承接时接收的资料及物业管理期间的档案资料一并移交给水库主管部门。

1.4 云南省小型水库物业化管理的改革要求

云南省水利厅着眼破解小型水库运行管护难题，深化作风革命与效能革命，专题研究、专项部署，深入推进全省小型水库物业化管理改革。2022年12月1日，云南省水利厅组织召开全省水利工程专业化管理推进会，对全省小型水库物业化管理改革进行全面安排，要求"确保2023年内，除德宏、怒江、迪庆3个小型水库较少的州外，实现昆明、曲靖、楚雄等水库大州（市）启动2个以上县（市、区），其余10个州（市）启动1个以上县（市、区）物业化管理改革；2025年要完成小型水库数量超过100座的县（市、区）物业化管理改革；2028年要完成小型水库数量50座至100座的县（市、区）物业化管理改革；2030年前完成其他县（市、区）物业化管理改革。"2024年6月15日，全省小型水库物业化管理改革现场推进会要求"创新机制，全面纵深推进小型水库物业化管理改革，省级以上维修养护补助资金优先用于小型水库物业化管理，以'水库＋灌区''水库＋生态'等模式积极探索创新，形成可复制、可推广的经验和做法供全省学习借鉴，打造具有鲜明特色的'水库保姆'管理模式'教科书'、示范引领"。

云南省水利厅在实施推进小型水库物业化管理改革过程中，坚持政府与市场"两手发力"，制定《小型水库管护购买服务合同（参考范本）》《小型水库管护购买服务参考目录》等文件，引导地方开展小型水库管护政府购买服务，鼓励发展专业化管护企业，多渠道引导社会企业参与专业化管护工作；强化组织、政策和资金"三项保障"，将改革任务落实情况纳入河湖长制和年度目标任务考核，印发《云南省水利厅关于加快推进小型水库专业化管护工作的通知》（云水工管〔2023〕11号）、《云南省水利厅 云南省 财政厅 关于印发小型水库物业化管理指导意见（试行）的通知》（云水工管〔2024〕23号）、《云南省小型水库维修养护定额标准、巡查管护人员补助标准（试行）》等文件，为小型水库管护改革落地见效提供了坚强保障。

1.5　云南省小型水库物业化管理的模式创新

云南秀川管理咨询有限公司深入落实云南省委、省政府加强水库运行管护的部署要求以及省水利厅相关工作安排，以争当全省水利工程管理咨询排头兵的姿态，守正创新、担当使命，探索形成了可复制、可推广的"112＋""水库保姆"管护新模式，为提升水库专业化管护能力和长效运行效益、打通以水利民"最后一公里"贡献了力量。

"112＋""水库保姆"管护模式是借鉴现代物业管理的标准化、专业化、社会化特点，将物业化管理的理念、方法运用于云南省水利工程运行管理的实践探索和创新成果。该模式采用"112＋"管护机制，即"一个专业管理团队"使用"一个信息化管理平台"管理"两支队伍"，实施"十项管护"，实现"六化目标"，助推小型水库运行管护实现"四个转变"。

1. "112＋"管护机制

（1）"一个专业管理团队"，即在有关县（市、区）设立项目部，派驻项目经理和技术负责人，在当地招聘平台管理员、驾驶员，组建专业化管理团队。

（2）"一个信息化管理平台"，即使用云南省水利水电勘测设计院有限公司（以下简称"省水利设计院"）研发的水库运管平台，打造智慧"水库保姆"。

（3）"两支队伍"，即一支巡查队伍和一支养护队伍，推进水库物业化管理"管养分离"、提质增效。

2. 实施"十项管护"

"十项管护"包括巡视检查、值班值守、操作运行、维修养护、制度建设、安全监测、安全管理、信息化管理、档案管理、标准化管理。

3. 实现"六化目标"

（1）管理标准化。对照《小型水库标准化管理评价标准》，实现全过程标准化管理。

（2）管理信息化。建立县级小型水库安全运行监管平台，实现水库运行管理智慧化、信息化。

（3）管理透明化。所有物业化管理工作上传运行监管平台，实现管理透明化，便于各级部门监督考核。

（4）管护专业化。强化巡查队伍培训保障日常巡查专业化，制定维修养护标准保障维修养护专业化，由专业人员实施安全监测保障安全监测专业化，实现"专业人干专业事"。

（5）计量化管护。对巡查人员的工作内容分类制定费用标准，计量考核、支付薪酬；遵循定量定价原则，据实核定维修养护工程量，严格按合同单价结算。

（6）管护规范化。制定实施 12 项管理制度，对所有水库进行全过程规范化管理。

4. 助推"四个转变"

（1）责任从"有名"到"有实"转变。通过政府主导、多方参与、市场运行小型水库管护机制，明晰当地政府、水行政主管部门和水库物业化管理服务单位的权责到"有实"边界，并在服务合同中进行约定，实现责权一致。

（2）管理从"散乱"到"规范"转变。依托"112＋""水库保姆"，用标准化的管理理念实施小型水库物业化管理，对分散管理的小型水库实行统一管护，统一管护标准，统一规范管理。

（3）管护从"业余"到"专业"转变。组建专业巡查队伍和专职养护队伍，强化巡查队伍培训保障日常巡查专业化，制定维修养护标准保障维修养护专业化，由专业人员实施安全监测保障安全监测专业化，实现专业人干专业事。

（4）效益从"单一"到"多元"转变。积极探索"灌区管家"管护模式，并学习借鉴省外"净水渔业"成功经验，在有条件的水库探索开展生态养殖、休闲垂钓等业务，奋力闯出"一水多用、多方共赢"的高质量绿色发展新路子，实现水利运管人"以水养水"的目标。

第 2 章

"水库保姆"的管护机制

"水库保姆"管护模式的"112＋"管护机制,即"一个专业管理团队"使用"一个信息化管理平台"管理"两支队伍"(一支巡查队伍,一支养护队伍),"＋"的意义为持续探索、提质增效。

2.1 一个专业管理团队

2.1.1 专业管理团队的作用

专业管理团队在小型水库运行管理中起着至关重要的作用,负责制定政策战略和工作策划,确保管理目标的实现,并通过有效的管理和激励措施提升团队的整体绩效。专业管理团队的核心作用包括决策、策划、执行、绩效提升、目标实现等。

2.1.2 专业管理团队建设

1. 组织结构

"水库保姆"物业化管理企业在服务的每个县(市、区)均设立项目部,具体开展小型水库物业化管理服务工作。依据现行水库大坝安全管理责任人和水库防汛"三个责任人"的责任要求和配置要求,项目部设置项目负责人、技术负责人、监控管理岗、驾驶员等岗位。项目部组织结构如图 2.1-1 所示。

2. 项目部的主要工作内容

项目部主要完成制度建设、安全监测、安全管理、档案管理、信息化管理、标准化管理等六项技术管护工作;指导和监督巡查队伍(巡查责任人)做好水库巡视检查、值班值守、操作运行工作,监督管理养护队伍开展水库维

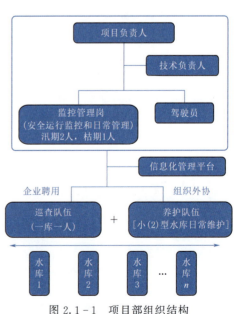

图 2.1-1 项目部组织结构

修养护工作。

3. 项目部的岗位职责和任职条件

（1）项目负责人。

1）主要职责：贯彻执行有关法律、法规、技术标准及水库主管部门、管理单位（产权所有者）的决定、指令；全面负责项目物业化管理服务工作，制定和实施年度管护服务工作计划；建立健全管护服务各项规章制度；负责处理日常事务，协调各种关系；加强职工教育，提高职工素质，不断提高管理水平。

2）任职条件：取得工程类初级及以上专业技术职称；熟悉有关法律法规和技术标准；掌握水利工程管理的基本知识；具有较强的组织、协调和语言文字表达能力。

（2）技术负责人。

1）主要职责：负责项目物业化管理服务技术工作；指导巡查操作运行人员开展巡查操作运行工作，参与有关检查考核工作；负责工程技术资料的收集、整编、保管等管理工作；报告异常情况，指导并参与工程问题及异常情况调查处理。

2）任职条件：取得工程类初级及以上专业技术职称；熟悉水库安全运行管理的法律法规和技术标准；掌握水库运行管理和水工建筑物方面的专业知识；具有分析解决水库运行管理中常见技术问题的能力。

（3）监控管理岗位。

1）主要职责：遵守规章制度和相关技术标准；承担水库安全运行监控观测工作；管理、应用、保存水库运行和安全监测记录，整理运行和监测资料；承担水库安全运行和维修养护日常管理工作。

2）任职条件：工程类专科及以上学历，并经相应岗位培训合格，持证上岗；了解水工建筑物及大坝监测的基本知识，具有分析处理水库安全运行常见问题的能力。

（4）巡查操作运行岗位。

1）主要职责：负责大坝巡查工作，履行水库防汛巡查责任人职责；负责大坝日常巡查，发现异常情况及时报告；负责防汛值班值守；遵守规章制度和操作规程，按调度指令进行闸门启闭作业、斜涵等蓄放水操作；承担闸门、启闭机等机电设备的运行工作；填写、保存、整理操作运行记录。

2）任职条件：年龄在18～55周岁；身体健康，责任心强；初中及以上学历；经相应岗位培训合格，持证上岗；掌握巡查工作内容及要求，熟练使用水库巡查 App；了解水库运行管理和水工建筑物基本知识，具有发现、处理运行中常见问题的能力；掌握闸门启闭机的操作及保养技能，具有分析处理机电设备常见问题的能力。

人员上岗前应经过岗位培训，掌握与工作岗位相适应的专业知识和业务技能，并接受水库主管部门和水行政主管部门组织的业务培训。国家及行业对岗位有职业资格证书要求的，应按相关规定执行。

4. 项目部的设备配备要求

（1）应配备能满足小型水库物业服务管理所需要的仪器设备和工具，包括但不限于测量仪器（如水位计、水准仪）、维修工具等。

（2）应配备必要的工作车辆，用于人员巡查、设备运输、应急抢险等工作。

（3）根据实际需要，配备办公设施（如电脑、打印机）、通信设施（如电话、网络）、安全设施（如消防器材、救生器材）等。

5. 项目部的人员配置要求

水库物业化管理服务单位派驻现场项目负责人和技术负责人，在当地招聘平台管理员、驾驶员，组建一个专业化水库管理团队，具体人员数量配置见表 2.1-1。

表 2.1-1 　　　　　　　　　　　小型水库物业化管理项目部人员数量配置表

管理水库数量/座		>150	100~150	50~100	<50
项目部人员	项目负责人（项目经理）/名	1	1	1	1
	技术负责人/名	2~3	1~2	1	项目经理兼任
	监控管理人员（平台管理人员）/名	2~4	2~3	1~2	1
	巡查操作运行人员（巡查责任人） 小（1）型水库	每座水库配置1名专职管护人员			
	小（2）型水库	每座水库配置1名兼职管护人员			

2.2 一个信息化管理平台

一个信息化管理平台，即水库运管平台，主要用于水库运行数据的采集、处理、共享和管理。每个项目部平台管理人员通过水库运管平台开展水库监控工作和水库物业化日常管理工作，使用平台远程监督巡查责任人做好水库日常巡查、值班值守、操作运行工作，使用平台监控专业养护队伍作业全过程。

2.2.1 水库信息化管理平台的作用和意义

（1）实时数据采集与共享。水库信息化管理平台可以实现对水库运行数据、监测数据等的实时采集和共享，确保管理人员及时获得准确的数据信息，为管理决策和调度提供可靠的基础。

（2）数据处理与分析。水库信息化管理平台可以对采集的数据进行处理、分析和建模，通过数据挖掘和分析技术，评估和预测水库运行状态，为管理决策提供科学依据。

（3）决策支持和预警。水库信息化管理平台可以结合模型和算法，进行风险评估和预警分析，及时发现并响应水库的异常情况和潜在风险，为决策支持和紧急响应提供依据。

（4）信息共享与协同管理。水库信息化管理平台能够实现不同部门和管理人员之间的信息共享和协同管理，促进信息的流动和沟通，提高工作效率和协作能力。

（5）可视化与报表分析。水库信息化管理平台可以通过可视化界面和报表分析功能，将复杂的数据和信息呈现给管理人员，提供直观的数据展示和分析结果，帮助管理人员快速了解水库的运行情况和问题，支持决策制定和问题解决。

2.2.2 水库信息化管理平台的功能

省水利设计院依托自身的技术力量和行业优势，设计了一套涵盖全省范围内小型水库信息、完整的水库工程行业数据的规范数据库，开发了一个包括安全监测、运行管理的综合信息平台，借助二维、三维及高分辨率卫星遥感等高科技手段，可视化展示水利工程要素，为"水库保姆"物业化管理提供科学化、精细化、数据化的信息化平台服务。

1. 智慧大屏

采用地理信息系统（geographic information system，GIS）技术，方便用户以所见即所得的方式在同一张电子地图上直观地查看所有信息，包括水库分类统计、大坝安全鉴定动态、责任人落实动态、水库当日巡查动态、水库预警动态、日常巡查图片动态、水库巡查趋势、重点环节落实动态、库容统计、责任人落实动态、水库索引、功能栏、卫星地图等。

2. 工程信息管理

工程信息管理模块，由水库物业化管理服务单位平台管理人员录入小型水库基础信息，便于管理和记录水库注册信息、工程特性、安全管理、档案管理、工程图件图像、水位库容曲线等水库相关数据信息。

3. 安全管理

安全管理模块，由水库物业化管理服务单位平台管理人员录入小型水库安全生产信息，包括水库调度规程、水库大坝安全管理（防汛）应急预案、安全度汛"三个责任人"、大坝安全管理责任人、最近一次水库安全鉴定、除险加固等信息。

4. 巡视检查

巡视检查模块，包含日常巡查、问题处置、防汛检查等信息。配套开发手机巡查App，并通过平台实行巡视检查打卡轨迹化，巡查情况及时上报信息化，实现透明高效的日常巡查管护。

5. 安全监测

安全监测模块，包括视频监控/视频融合和雨水情信息。可对各建筑物的运行状态进行实时监测，并对历史监测资料进行整编计算、定量分析、比较判断和综合统计，实现从监测数据到监测断面、监测部位的异常告警。

6. 运行维护管理

运行维护管理模块主要实现年度维修养护、日常维修养护、防汛值班查询、工程管理考核、运行检查等功能，使工程具备较强的突发事件响应能力和较高的运行维护管理水平，保障整个工程安全运行，为工程安全运行提供网络化和可视化的工程基础信息及管理维护综合信息服务，为工程运用调度决策提供支持。

7. 告警管理

设置监测预警参数，对超阈值的监测项及水库动态预警、分析诊断等。当水位监测设备捕捉到水位超过预设的汛限水位，或者视频监控设备发现任何可疑情况时，预警机制便会立即启动，自动发出警报，通过声音、光线等多种方式迅速将警报信息传递给管理人员，管理人员做出相应的处理。

8. 信息动态更新

水库物业化管理服务单位应加强对平台数据的更新维护，确保数据的完整性、及时性和准确性。一些随着时间发展而容易发生改变的数据，如水库大坝安全责任人、安全鉴定状态、安全鉴定结论、病险水库状态、除险加固进展、控制运行方案（计划）、限制运行措施等，应及时在小型水库运行管理平台中更新。

9. 信息安全

信息安全主要依靠省水利设计院现有机房资源，保证信息的保密性、完整性、真实性、占有性。网络安全应具备身份认证、数据加密、访问控制等功能。

2.3 两支队伍

2.3.1 巡查队伍

采取乡镇推荐、企业选聘的方式为每座水库选聘 1 名巡查责任人，组建专业巡查队伍。

1. 签订劳动合同，购买保险

通过签订巡查服务协议，明确巡查人员职能职责。同时，委托劳务派遣公司与小（1）型水库巡查责任人签订劳动合同，并为其购买养老保险、医疗保险、失业保险、工伤保险及生育保险；与小（2）型水库巡查责任人签订灵活用工劳动合同，并为其购买 120 万元的人身意外保险。

2. 配置巡查装备和劳保用品

为专业巡查队伍提供"水库保姆"巡查 App 开展巡查工作，该方式比传统水库巡视检查高效快捷，巡视检查成果也可数字化显示；配备小型水库日常管理工作手册，巡查责任人可随时查看，做到正确履职；配备救生衣、雨衣、应急灯、急救包等劳保用品，保障其工作安全。

3. 专业培训

（1）组织巡查责任人完成水利部专业知识网络培训，确保持证上岗。

（2）定期进行统一集中培训，采用理论培训和实地教学相结合的方式，确保培训效果；及时对更换的巡查责任人进行一对一培训。

4. 工作内容

小型水库巡查人员的主要工作内容包括巡视检查、值班值守、维修养护、运行操作、安全管理及保洁服务。其中，小（2）型水库的维修养护由专职维修养护队伍完成。

2.3.2 养护队伍

项目部通过询价或竞争性谈判择优选取外委单位组建专业养护队伍。由养护队伍开展水库日常维修养护工作，统一维修养护工艺和标准，养护队伍按照标准进行维修养护施工，项目部及时按照标准验收和计量支付；加强维修养护事前、事中、事后全过程管理，有问题和困难得以及时解决；编制每座水库的养护台账，做到每项养护工作有迹可查、有据可循；定期对养护人员进行专业技术培训和指导，提升维修养护水平；实现水库运管工作"管养"分离的目标。

第 3 章

"水库保姆"物业化管理的前期工作

前期组织专业技术人员对拟实施物业化管理的县份进行全面深入的摸底调查,详细掌握各小型水库的基本情况,再根据该县份的实际情况进行认真筛选、审核,并协助水库主管部门编制小型水库物业化管理服务项目实施方案上报县委常委会。待会议通过并拿到批复文件后,由水库主管部门牵头,招标代理机构严格按照法定程序组织并开展招投标工作,秉持公开、公平、公正的原则,最终选定中标单位,并与其签订正式的物业化管理服务合同,中标单位按照合同约定组织进场开展工作。在实施物业化管理服务期间,水库主管部门安全管理主体责任不变,履行对水库物业化管理服务单位进行监督考核并支付物业化管理费用的义务。

3.1 工作策划

工作策划旨在明确小型水库物业化管理项目部前期工作的具体任务、责任分工及时间要求,确保各项准备工作有序、高效地进行。

1. 项目部组建

(1) 选择项目部办公地点,并进行必要的装修和文化墙制作。

(2) 时间要求:进场立即开展,2 周内完成。

2. 项目部设施设备配置

(1) 列出采购清单,并按规定完成采购程序。

(2) 时间要求:项目点确认后,与项目部组建同步开展,2 周内完成。

3. 资料收集

(1) 熟悉招投标文件,了解合同条款,并收集水库基础资料,进行现场勘查。

(2) 时间要求:与项目部建设同步开展,2 周内完成。

4. 沟通交流

(1) 积极与甲方联系,并加强和水库物业化管理服务单位领导、各部门的沟通,及时招聘水库巡查管理员。

(2) 时间要求:进场后立即开展完成。

5. 巡查人员选聘

(1) 采取乡镇推荐、企业选聘的方式选聘巡查人员,并完成合同签订。

（2）时间要求：进场 2 周内完成。

6. 巡查人员培训

（1）采用集中会议培训方式对水库巡查人员开展业务介绍和培训。

（2）时间要求：人员招聘完成后，进场 2 周内完成。

7. 水库现场工作

（1）对所管辖水库进行摸底检查等。

（2）时间要求：完成项目部建设和人员培训后开展。

3.2 项目部组建

项目部组建是小型水库物业化管理服务实施的核心环节，它直接关系到项目管理的效率、服务质量和运行安全。项目部作为物业化管理服务的执行主体，承担着组织、协调、监督、执行等多重职能。因此，项目部建设需从组织机构设置、选址及布置、项目准备与资料收集、摸底排查与巡查点布置、标准化管理制度制定等多个方面进行全面规划和实施。

通过科学合理的项目部建设，可以确保小型水库物业化管理服务的各项任务得到有效落实，提高水库的运行管理水平，保障水库的安全、高效运行。同时，项目部建设也是提升企业形象、增强团队凝聚力、推动项目持续发展的重要保障。

3.2.1 组织机构设置

项目部进场前期，根据合同要求，首要任务是进行组织机构设置，明确项目部的总体目标、工作任务和职责权限，并根据合同要求和项目实际情况配置项目负责人、技术负责人、监控管理岗位以及巡查操作运行岗位等关键岗位，确保每类上岗人员数量符合规定，且具备相应的专业能力和任职资格。一般情况下项目负责人和技术负责人由水库物业化管理服务单位派遣，监控管理岗可根据实际情况在当地招聘，巡查操作运行岗由当地水务局和水务站推荐招聘。项目部全面承担并高效执行小型水库物业化管理服务的各项管护工作，保障水库的安全运行和服务质量。

3.2.2 项目部选址及布置

项目部作为小型水库物业化管理服务的核心机构，其选址及布置直接关系到项目管理效率、人员生活质量及工作便捷性。因此，项目部建设需综合考虑办公需求、生活需求、区域位置、成本效益等多方面因素，确保在满足基本功能的同时，实现管理环境的高效、经济、舒适。一般在进场 2 周内完成项目部选址及布置。

1. 选址条件

（1）场所要求。项目部选址应满足项目办公与项目人员生活的全面需求，包括但不限于监控（会议）室（图 3.2-1）、办公室（图 3.2-2）、项目仓库、项目人员住宿区、厨房等关键功能区。同时，需确保所选场所水、电、通信和道路等基础设施完善，满足日常工作需要。

（2）区域要求。为提高管理效率，项目部应优先选址于所辖水库区域中心或距离县城

图 3.2－1　项目部监控（会议）室

图 3.2－2　项目部办公室

（镇）较近的位置或考虑与当地水务局（站）办公楼合并设置，以便于信息沟通、资源共享及快速响应。

（3）成本要求。在选址过程中，应充分考虑经济实用原则，从装修成本、租赁成本、使用成本等多方面进行综合评估，选择性价比最优的方案。

2. 选址方式

（1）通过向当地水务局或甲方了解信息，筛选出可能作为项目点的小（1）型水库管理房。

（2）对于不满足要求的小（1）型水库管理房或所辖水库无小（1）型水库的情况，需进一步考察项目所在地的中型水库管理房、城镇、村庄或商用场所的租赁情况。通过实地考察、比选，最终确定最优选址方案。

3. 项目部布置

（1）项目部装修。根据实际需求，对项目用房进行装修，确保具备水、电、宽带、空调、餐具等基本生活条件。同时，合理规划办公区域、运行管理平台及生活设施设备的布置，营造舒适、高效的办公环境。

（2）运行管理平台搭建。构建完善的运行管理平台，包括监控系统、信息管理系统等，实现水库运行数据的实时采集、分析与管理，提高管理效率与决策水平。

（3）安全防范措施。完善项目部的安全防范措施，如设置门禁系统、监控系统等，确保项目人员及财产安全。

3.2.3 企业文化墙及制度牌建设

在项目部办公区域，应注重企业文化建设，通过设立文化墙和制度牌来强化企业精神、价值观和管理理念的传播。其中，文化墙展示企业愿景、使命、社会主义核心价值观和治水精神与成果等内容，旨在增强团队的凝聚力和向心力；制度牌则明确项目部的各项管理制度、岗位职责和工作流程等，确保团队成员明确工作要求和规范，提高工作效率和协同能力。文化墙展示内容如图3.2-3所示。

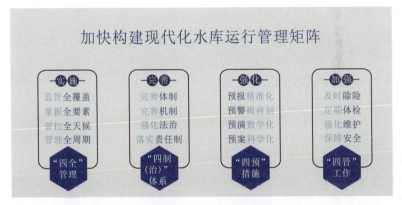

图3.2-3　文化墙展示内容

3.3　项目部设施设备配置

办公和生活设施设备配置是小型水库物业化管理服务实施的重要支撑，直接关系到项目管理效率、服务质量和应急响应能力。为确保小型水库物业化管理服务的各项任务得到有效落实，必须科学合理地配置和管理设施设备。

3.3.1　设施设备采购

1.采购内容

（1）办公家具：办公桌、办公椅、茶几、沙发、文件柜、会议桌等。

（2）生活家具：床、餐桌、餐椅、冰箱、电磁炉、厨房架子等。

（3）办公设备：无人机、台式电脑、笔记本电脑、会议大屏、打印机、工作站等。

（4）办公用品：笔记本、中性笔、文件袋、订书机、计算器、书写板、档案袋、档案盒等。

（5）项目部物资：炒锅、碗、杯子、刀具、插线板、扳手、手套、电钻、铁锤、钢卷尺、钳子等。

（6）应急物资：救生艇、救生衣、锄头、铁锹、手电筒、急救包等。

（7）安全监测仪器：全站仪、水准仪、钢尺水位计、钢卷尺等测量仪器。

（8）项目部车辆：根据项目实际情况，配置所需越野车或者皮卡车。

2. 采购注意事项

（1）预算控制。在采购前制定详细的预算计划，确保采购成本在可控范围内。

（2）供应商选择。选择有良好信誉和售后服务的供应商，采购金额较大的通过招标或询价比选方式选择，确保采购过程顺利。

（3）采购审批。严格遵循水库物业化管理服务单位既定的规章制度与要求，通过比选或直接采购等方式，严谨地完成采购申请的审批与物品领用手续。

（4）安装与验收。在采购后，确保家具的及时安装和调试，并完成验收，以便尽快投入使用。

3.3.2　设施设备管理

（1）建立设施设备台账。详细记录设施设备的名称、型号、数量、生产厂家、安装位置、使用状态等信息，建立台账和设备标签，便于管理和维护。

（2）定期维护保养。定期对设施设备进行检查、清洁、调试等工作，确保设施设备处于良好状态。

（3）领用和保管。依据水库物业化管理服务单位制定的管理制度与规范，执行各类办公用品、家具以及设施设备的申请、领用及移交等相关手续。使用者妥善保管所领用的各项物品，以维护水库物业化管理服务单位资产的完整与安全。

（4）更新与淘汰。根据设备设施的使用年限、技术性能和实际需求，及时更新和淘汰老旧设备设施，提高管理效率和服务质量。

3.4　项目基本情况和水库资料收集

项目基本情况和水库资料收集阶段是整个小型水库物业化管理服务项目实施的基础和关键。此阶段的工作目标是全面、系统地收集和整理与项目相关的各类信息，为后续的项目规划、实施和运行维护提供翔实、准确的数据支持，为项目的顺利推进奠定坚实的基础，确保项目在实施过程中能够高效、有序地进行，最终实现小型水库物业化管理服务的目标，提升水库的运行管理水平，保障水库的安全、高效运行。

3.4.1　项目基本情况

（1）项目位置与所在地概况。明确项目所在地的基本地理信息、自然环境、社会经济状况等，为项目执行提供背景支持。

（2）项目实施时间要求。掌握项目的启动、关键里程碑、完工等工序的时间要求，确保项目按计划推进。

（3）水库基本情况。统计项目涉及的水库总数，区分小（1）型、小（2）型等水库规模；识别具有特殊功能（如灌溉、防洪、供水、发电等）的水库；评估各水库在区域水资源配置、经济发展中的战略地位和管理措施。

3.4.2 水库资料

（1）水库地理位置信息：精确的水库位置（奥维坐标点），便于后续现场勘查与管理工作。

（2）水库大坝注册与鉴定：大坝注册登记信息、安全鉴定与评价报告，确保大坝合法合规，并评估大坝的安全状况。

（3）除险加固资料：除险加固设计文件、竣工报告及图纸，记录历史改造与加固情况。

（4）工程划界与产权：管理范围和保护范围的划界图、界桩、界牌位置及产权证明，明确管理权责。

（5）应急预案：大坝安全管理与防洪（汛）抢险应急预案，包括预案的编制、审批、组织、物资准备及演练记录。

（6）水库调度规程：调度规程文件，掌握汛限水位高程，确保水库运行符合规定，保障水资源合理利用。

（7）信息化运行情况：全国水库运行管理信息系统平台账号及使用情况，促进水库管理的信息化、智能化。

3.5 沟通交流

3.5.1 积极与甲方水务局协同合作

（1）积极与甲方水务局及所在地水务站开展日常沟通与合作，确保项目管理活动符合上级单位的要求与指导，同时及时反馈项目进展、存在的问题及解决方案，形成双向互动的良性循环。

（2）定期召开项目协调会议，邀请甲方水务局及水务站代表参与，共同讨论项目管理和执行的各项事宜，确保项目管理目标满足合同要求。

（3）实施周报与月报制度，定期向甲方水务局及水务站提交详细的项目进展报告，包括水库管理开展情况、存在的问题与改进措施等，确保信息透明，促进双方紧密合作。

（4）在沟通与合作中，特别强调水资源开发的可持续性，确保项目活动符合水资源保护与合理利用的原则。共同探索水面开发、供水保障、灌区管理、水库附属资源盘活等水资源开发新技术、新方法的应用，提升水资源利用效率。

3.5.2 加强与水库物业化管理服务单位的沟通交流

（1）建立常态化的汇报与沟通机制，定期向水库物业化管理服务单位领导汇报项目进展、成果及面临的挑战，寻求上级支持与指导，确保项目顺利推进。

（2）加强与水库物业化管理服务单位各部门的协作，特别是经营、技术、财务和法务等部门，确保在项目管理、技术实施、资金调配等方面得到高效支持。

（3）共同探索内部资源共享与优化配置的途径，提升项目管理效率与效益。

3.6 巡查人员选聘

巡查人员选聘是小型水库开展巡查管理的首要任务。招聘工作的目标是选拔出符合项目需求、能够胜任巡查工作的优秀人才。为了确保招聘工作的顺利进行和招聘结果的质量，需要制定明确的招聘要求和流程，并遵循公平、公正、公开的原则进行选拔。小型水库巡查人员选聘条件如下：

（1）常年居住在水库所在地附近，熟悉当地情况，年龄在 18～65 周岁，身体健康，责任心强，熟悉本水库基本情况，掌握水库巡查管理知识。

（2）熟悉智能手机操作，经培训后能够正确使用水库巡查 App 开展水库巡查。

（3）一般遵循"一人一库"原则，若在距离 2km 范围内可以承担管理不超过 3 座小型水库，但不得同时承担 2 座小（1）型以上水库和重点水库的巡查管护任务；兼职多个水库的巡查管护工作的，巡查管护费用相应累加。

（4）为满足水库管护要求，小（1）型水库巡查应由专人专职负责，避免兼职。

（5）管理人员应熟悉水库管理知识，上岗前应进行岗前培训，并应根据专业管理需要，每年至少接受 1 次业务培训，并考核合格。

（6）管理人员应具备良好的职业道德，认真履行岗位职责，做好以下管理工作：

1）水库大坝巡视检查、观测和记录。

2）水库的日常养护和环境保洁工作。

3）闸阀启闭设施的操作运行和记录。

4）发现险情（异常情况）立即按规定程序报告。

5）劝阻危害工程安全的行为，必要时向主管部门或上级报告。

6）遇台风、暴雨、地震等紧急情况，按主管部门和上级要求做好有关工作。

（7）汛期，小（1）型水库巡查人员应 24 小时值守；在突降暴雨、连续降雨、库水位接近汛限水位时，小（2）型水库巡查人员应在水库值守。同时，管理多座水库的巡查人员，汛期值守时应寻找满足上述条件的人员一同值守。

（8）小型水库巡查责任人采取乡镇推荐、企业选聘的方式确定，项目部与巡查责任人签订巡查服务协议，协议期限根据管理服务期限签订，一般是一年一签。

3.7 巡查人员培训

培训是提升小型水库巡查人员专业素质和技能水平的重要途径。通过系统的培训，可以帮助巡查人员更好地理解和掌握水库巡查管理的相关知识和技能，提高其工作效率和应对突发事件的能力。

3.7.1 培训计划制定

（1）水库物业化管理服务单位应结合实际情况制定人员教育培训年度和各阶段计划，明确培训内容、方式、人员、时间以及培训效果评价等。

（2）培训计划要针对工作需求，结合水库管理的实际情况进行制定。

3.7.2 培训要求及流程

（1）完成巡查人员招聘后，由当地水务局组织各乡镇分管领导和水务站负责人、巡查人员到县城所在地开展岗前培训和安全教育培训，确保其具备基本的安全意识和操作技能。同时让水库运行管理人员与项目部人员之间相互熟悉，了解水库巡查人员基本信息，为正常开展工作奠定基础。

（2）可通过集中培训的方式，同步完成巡查人员劳动合同、用工协议和员工手册等文件的签订，并完成身份证和银行卡等基本信息的收集。

（3）培训可采用理论培训与实地教学相结合的方式，通过案例分析、现场模拟、互动问答等多种形式，增强培训效果。

（4）对于无法参加集中培训的人员，可通过水库现场开展一对一实地教学、视频教学等方式进行线上或线下的培训，确保培训工作的灵活性和便捷性。

（5）培训时发放《小型水库日常管理工作手册》、巡查记录本和必要的纸笔至每一位巡查人员。

（6）对于调整更换的水库管护人员，应及时进行新入职培训，确保其能够迅速适应工作岗位。

3.7.3 业务培训内容

（1）小型水库物业化管理服务内容。通过文字结合图片的方式，详细介绍"水库保姆"管护模式的内容和要求，明确各级职责与任务分配。

（2）水库基本知识。全面了解水库的构造原理、功能作用及其在水利工程体系中的重要性。

（3）防汛"三个责任人"履职要点。介绍防汛"三个责任人"的任职条件、主要职责和履职要点。

（4）巡查值守基本要求。严格执行"水库保姆"管护模式，利用手机巡查 App 按指定的巡查路线和点位完成巡查工作，执行汛期和特殊时期 24 小时值守制度，确保水库安全运行。

（5）"水库保姆"App 应用。辅助巡查人员完成"水库保姆"App 的安装，并通过详细介绍和指导巡查人员掌握其操作及使用技巧。

（6）维修养护基本要求。了解水库设施的日常维修与定期养护流程，确保水库大坝的干净整洁和设施完好。

（7）水库常见险情及应急处置方法。掌握水库设备的正确操作流程，识别并熟悉水库常见的各类险情，掌握快速有效的应急处置方法。

（8）安全生产基本要求。强化安全生产意识，确保水库运行过程中的各项安全措施得到落实。

3.7.4 技能培训与认证

（1）水库管理技术人员应经相应岗位培训合格，并取得相关技能等级证书。

（2）水库巡查人员应根据水利部要求，完成小型水库防汛"三个责任人""三个重点环节"的培训，并取得培训证明。

3.8 水库现场工作

水库现场工作中的摸底排查与巡查点布置是小型水库物业化管理服务中至关重要的环节，旨在全面了解水库现状，确保水库安全稳定运行。通过细致的摸底排查，可以及时发现并处理潜在的安全隐患；而合理的巡查点布置，则能有效提高巡查效率，确保水库各项设施处于良好状态，具体任务如下：

（1）布置巡查点，拟定巡查路线。根据水库地形、设施分布及安全需求，采用钢板磨具在水库 11 个固定点位喷涂红色醒目巡查点（1.2mm 厚镀锌钢板磨具，尺寸为 40cm×30cm），并拟定高效、全面的巡查路线。

（2）安装汛限水位标识牌。在上游坝坡醒目位置安装汛限水位标识牌（红色彩钢瓦，尺寸为 200cm×15cm），提醒管理人员及巡查人员注意水位变化，确保水库在汛期安全运行。

（3）开展水库首次检查并记录。对水库进行全面检查，记录水库现状、设施完好情况及潜在问题。

（4）排查安全隐患。重点关注大坝渗水、溢洪道私设拦挡、水库养殖、闸门启闭设施及用电安全等关键领域，及时发现并处理安全隐患，超出物业化管理范围的问题，以书面报告方式上报至当地水务局。

（5）初步拟定维修养护内容。根据检查结果，初步拟定所需维修养护的内容及方案，包括工程量统计、维修养护方式选择及经济成本估算。

（6）记录首次安全监测信息。记录水库水位、大坝沉降、测压管水位、渗流量及大坝裂缝等关键安全监测信息，为后续分析提供数据支持。

（7）开展防汛检查工作。若摸底时间为汛前、汛期或汛后的，应同时进行防汛检查工作，确保水库在汛期的安全运行。

（8）组织巡查人员培训。在水库现场培训巡查人员使用 App 开展巡查工作，提高巡查效率及数据准确性。

第 4 章

"水库保姆"管护模式的主要工作

4.1 四项基本管护工作

4.1.1 巡视检查

小型水库巡视检查工作,旨在全面评估水库的运行状况,确保水库安全、稳定地发挥其防洪、灌溉、供水等综合功能。物业化管理小型水库主要是通过实地查看、设备检查、资料查阅等多种方式,对水库的挡水、泄水、输(放)水建筑物结构安全性态,金属结构与电气设备可靠性,管理设施是否满足需求,近坝库岸安全性等内容进行深入细致的检查。

4.1.1.1 常规巡查

1. 一般规定

(1)日常巡查。日常巡查是及时发现水库大坝安全隐患最主要的措施之一,具有全面性、及时性和直观性等特点,是水库安全管理必不可少的基础性工作。开展物业化管理的日常巡查是由巡查责任人利用"水库保姆"App 开展的大坝日常检查工作,重点检查工程和设施运行情况,及时发现挡水、泄水、输(放)水建筑物,近坝岸坡以及管理设施存在的问题和缺陷,并上报水库物业化管理服务单位和水库管理单位。检查部位、内容、频次等应根据运行条件和工程情况及时调整,做好检查记录和重要情况报告。

(2)月度检查。月度检查由项目部每月对水库进行全面检查,主要检查水库面貌,排查水库存在问题及安全隐患情况,核查水库管理履职情况等。全面掌控水库状况,是检查水库存在问题及安全隐患的重要举措。

(3)防汛检查。每年汛期,由项目部配合水行政主管部门或自行开展水库全面防汛检查工作。要求在每年汛前、汛中、汛后各开展一次,重点排查水库大坝、溢洪道、输水涵洞等关键部位隐患,特别是当存在违规超汛限水位蓄水、三类坝的病险水库未限制运用(病险水库原则上主汛期一律空库运行)、大坝存在异常渗漏、溢洪道私设闸门或拦挡、闸门及启闭设备不能正常使用等严重度汛安全隐患情况时,应进行全面的逐库排查,不留死角,并重点记录。

（4）特别检查。当水库大坝遭到影响安全运用的情况（如发生暴雨、大洪水、有感地震、强热带风暴、水库水位骤变或高水位非正常运行及发生重大事故等情况，或发生比较严重的破坏现象以及出现其他危险迹象）时，项目部应迅速组织进行全面巡视检查，并报请上级主管部门及有关单位联合检查，必要时应组织专人对可能出现险情的部位进行连续监视。

2．检查内容及巡查频次

检查工作应有明确的检查方案或检查线路，检查人员应掌握各检查项目的安全及技术标准。检查前，检查人员应准备检查记录、照明、量测、照相、摄像等工具器材及必要的安全防护设备与措施。

（1）检查内容。对挡水、泄水、放水建筑物，闸门及启闭设施，近坝库岸及管理设施情况进行检查，先总体后局部突出重点部位和重点问题。检查中要特别关注大坝坝顶、坝坡、下游坝脚、近坝水面，溢洪道结构破损、渗漏及水毁，放水涵进出口结构破损、渗漏，闸门与启闭机老化破损，穿坝建筑物渗漏等问题。对检查中发现的重要情况，做好文字描述、拍照记录。小型水库检查要点示意如图 4.1-1 所示。

1）挡水建筑物（大坝）。重点对大坝整体形貌、防洪安全、变形稳定、渗流情况进行检查：①整体形貌——检查结构是否规整、断面是否清晰、坝面是否整洁；②防洪安全——检查挡水高程是否不足、水库淤积是否严重、蓄水历史是否过高；③变形稳定——检查有无明显变形和滑坡迹象；④渗流情况——检查下游坝坡或两坝肩是否有明显渗水，特别关注坝身溢洪道、穿坝建筑物接触渗流问题等。

大坝巡查重点部位示意如图 4.1-2 所示，大坝巡查重点见表 4.1-1。

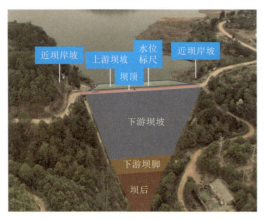
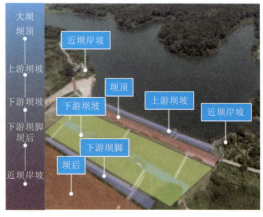

图 4.1-1 小型水库检查要点示意图　　　图 4.1-2 大坝巡查重点部位示意图

表 4.1-1 大 坝 巡 查 重 点

部位	巡 查 重 点
坝顶	路面有无裂缝、异常变形、积水或植物滋生等现象； 防浪墙有无开裂、挤碎、架空、错断、倾斜等情况
上游坝坡	护面或护坡是否损坏； 有无裂缝、滑动、隆起、塌坑、冲刷或植物滋生等现象； 近坝水面有无冒泡、变浑或漩涡等异常现象

部位	巡 查 重 点
下游坝坡	有无裂缝、滑动、隆起、塌坑、雨淋沟、散侵、集中渗漏或泡泉等现象； 排水系统是否完整、通畅； 草皮护坡植被是否完好有无兽洞、蚁穴等隐患
下游坝脚与 坝后	排水棱体、滤水坝趾、减压井等导渗降压设施有无异常或损坏； 坝后管理范围内有无影响工程安全的建筑、鱼塘等侵占现象
近坝岸坡	边坡有无滑坡、危岩、大体积掉块、裂缝、异常渗水等现象
其他	有无白蚁、鼠害、兽穴、植物等生物侵害现象

2）泄水建筑物（溢洪道）。重点对溢洪道整体形貌、结构变形、过水面、出口段进行检查：①整体形貌——检查是否完建，结构有无重大缺损，有无威胁泄洪的边坡稳定问题；②结构变形——检查有无结构开裂、错断、倾斜等现象；③过水面——检查有无护砌，护砌结构是否完整，冲刷是否严重；④出口段——检查消能工是否完整，有无淘刷坝脚现象。

图 4.1-3　溢洪道巡查重点部位示意图

溢洪道巡查重点部位示意如图 4.1-3 所示，巡查重点见表 4.1-2。

表 4.1-2　　　　　　　　溢 洪 道 巡 查 重 点

部位	巡 查 重 点
进口段	是否有人为加筑子堰、设障阻塞、拦鱼网等影响防洪安全的问题； 进口水流是否平顺，水流条件是否正常； 边坡有无冲刷、开裂、崩塌及变形； 有无泥沙、石块、垃圾堆积、积水或植物滋生等现象
控制段 （闸室段）	堰顶或闸室、闸墩、胸墙、边墙、溢流面、底板有无裂缝、渗水、冲刷、变形等现象； 伸缩缝、排水孔是否完好； 工作桥、交通桥有无异常变形、裂缝、断裂、剥蚀等现象；护栏是否牢固，防护高度是否满足要求，是否有变形、锈蚀等现象
泄槽段	有无阻挡泄水的障碍物
消能工	有无缺失、损毁、破坏、冲刷、土石堆积等现象
行洪通道	下游行洪通道有无缺失、占用、阻断现象； 下泄水流是否淘刷坝脚

3）输（放）水建筑物［输、泄水洞（管）］。输、泄水洞（管）巡查有进口段、洞身段、出口段 3 个部位。重点对输、泄水洞（管）整体形貌、穿坝建筑物、运行方式进行检查：①整体形貌——检查结构是否完整可靠，有无重大缺损；②穿坝建筑物——特别关注穿坝结构（含废弃封堵建筑物）防渗处理情况，是否存在变形和渗漏问题；③运行方式——检查无压洞是否存在有压运行情况。

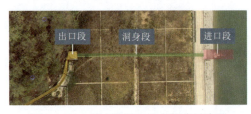

图 4.1-4 放水涵巡查重点部位示意图

放水涵巡查重点部位示意如图 4.1-4 所示,输、泄水洞(管)巡查重点见表 4.1-3。

4)金属结构和电气设备。巡查管护人员在检查溢洪道和输、放水涵时,重点检查闸门、启闭设施、电气设备 3 个部位,主要查看启闭设施和电气设备能否正常使用,有无锈蚀、破损等现象。金属结构和电气设备巡查重点见表 4.1-4。

表 4.1-3 输、泄水洞(管)巡查重点

部位	巡查重点
进口段	进水塔有无裂缝、渗水、空蚀等损坏现象,塔体有无倾斜、不均匀沉降变形; 进口有无淤积、堵塞,边坡有无裂缝、塌陷、隆起现象; 工作桥有无断裂、变形、裂缝等现象
洞身段	洞身沿线是否存在坝体变形、塌陷,洞身有无断裂、坍落、析钙、裂缝、渗水、淤积、鼓起等现象; 结构缝有无错动、渗水,填料有无流失、老化、脱落; 放水时洞身有无异响
出口段	出口周边有无集中渗水、散浸问题; 出口坡面有无塌陷、变形、裂缝; 出口有无杂物带出、浑浊水流

表 4.1-4 金属结构和电气设备巡查重点

部位	巡查重点
闸门	闸门材质、构造是否满足运用要求; 闸门有无破损、腐蚀是否严重、门体是否存在较大变形; 行走支撑导向装置是否损坏锈死、门槽门槛有无异物、止水设施是否完好,是否渗漏水
启闭设施	启闭设施能否正常使用; 螺杆是否变形、钢丝有无断丝、吊点是否牢靠; 启闭设施有无松动、漏油,锈蚀是否严重,闸门开度、限位是否有效; 备用启闭方式是否可靠
电气设备	有无必要的电力供应,电气设备能否正常工作; 电路线路是否老化; 重要小型水库有无必要的备用电源

5)管理设施。管理设施巡查主要包括防汛道路、监测设施、通信设施、管理用房、标识标牌等内容。管理设施巡查重点见表 4.1-5。

表 4.1-5 管理设施巡查重点

部位	巡查重点
防汛道路	有无达到坝肩或坝下的防汛道路; 道路标准能否满足防汛抢险需要
监测设施	有无必备的水位观测设施,水位标尺刻度是否清晰; 有无必要的降雨量、视频、渗流、变形等监测预警设施; 监测设施的运行是否正常

部位	巡 查 重 点
通信设施	是否具备基本的通信条件； 重要小型水库有无备用的通信方式； 通信条件是否满足汛期报汛或紧急情况下报警的要求
管理用房	有无管理用房； 能否满足汛期值班、工程管护、物料储备的要求
标识标牌	是否有管理和警示标识

6）其他巡查。其他巡查是指上述内容以外的巡查，包括大坝管理范围和保护范围内的异常情况、人员活动情况等。

（2）巡查频次。

1）日常巡查。根据规范要求，结合具体工程实际情况确定日常巡查频次。在对水库大坝巡查频次规定进行细化时，同时应考虑水库所处不同蓄水位、不同工作状态（正常水库或病险水库）、不同汛情（降水量或洪水标准）、不同运行方式（蓄水位骤升或骤降），以及水库自身的设计洪水标准等因素，动态调整巡查频次。当水库大坝处于有利工作环境时，水库大坝相对安全，巡查频次可适当减少；当水库大坝处于不利工作环境时（如遇特殊情况和工程发生险情，水库遇特大暴雨、强地震、水库水位骤变等情况，或大坝发生比较严重的破坏现象或出现其他危险迹象时），水库大坝容易发生各种险情，巡查频次应适当加密或进行连续昼夜观察，夜间加大巡查频次。同时，水库物业化管理服务单位应每月开展 1 次指导性的全面检查。当水库受强降雨影响、水库水位超过汛限水位或当地启动防汛应急响应时，巡查人员应 24 小时现场值守。此外，初蓄期应增加巡查频次，以免因漏检险情而延误抢护最佳时机，具体巡查频次各地结合实际确定。小型水库大坝日常巡查频次见表 4.1-6。

表 4.1-6 小型水库大坝日常巡查频次

巡查时段	巡 查 频 次		
	初蓄期	运行期	
		小（1）型水库	小（2）型水库
非汛期	1~2 次/周	1 次/周	1 次/周
汛期	1~2 次/天	1 次/天	1 次/2 天

注 表中巡查频次均为正常情况下的最低要求，具体频次各水库结合实际确定，初蓄期应增加巡查频次。初蓄期是指从水库新建、改（扩）建、除险加固下闸蓄水至正常蓄水位的时期，若水库长期达不到正常蓄水位，初蓄期则为下闸蓄水后的前 3 年。

2）月度检查。月度检查每月至少开展 1 次。

3）防汛检查。每年至少开展 3 次，分别在汛前、汛中和汛后开展。

4）特别检查。在发生特别运行工况后，应立即开展特别检查。特别运行工况主要指：①水库水位暴涨暴落，接近历史最高水位、设计洪水位、死水位或水库持续高水位运行的情况；②当遭遇 4.0 级以上地震事件，水库大坝处于表 4.1-7 规定的影响区范围以内的情况；③发生险情；④其他可能影响工程安全运行的情况。

表 4.1-7　　　　　　　　　　　　　震后影响区范围估计对照表

震级	震中距离/km	震级	震中距离/km
>4.0	50	>7.0	150
>5.0	75	>8.0	250
>6.0	100		

（3）巡查方法分为常规方法和特殊方法。其中，常规方法包括眼看、耳听、手摸、鼻嗅、脚踩等直观方法，或辅以锤、钎、钢卷尺、放大镜、石蕊试纸等简单工具器材，对工程表面和异常现象进行检查。已安装视频监控系统或配备无人机等信息化设备的可采用信息化巡查作为辅助手段。特殊方法包括勘探、化学示踪、水下摄像等。闸门、启闭机等金属结构及配套电气设备的日常巡检，除外观检查外，还应采用通电测试或试运行等方式进行。

3. "水库保姆"App 巡查

"水库保姆"App 巡查，是由项目部负责组织、水库巡查责任人使用手机登录"水库保姆"App 具体实施的数字化巡查，较传统人工巡查、纸质记录更加规范与真实。项目部制定日常巡查计划时，应明确检查频次和时间、检查路线、检查内容和重点部位、检查方法和要求等内容。对土石坝水库开展日常巡查时还应加强白蚁、红火蚁、蛇、鼠等危害大坝生物的排查统计。

（1）巡查工作策划。根据水库物业化管理服务单位的岗位与职责分工，制定数字化巡查工作流程。巡查工作流程包括巡查准备、携带巡查工具、现场检查与记录、检查结果分析与比较、检查结果判断、问题上报、检查结果确认等环节。小型水库日常巡查工作流程如图 4.1-5 所示。

（2）巡查点、巡查路线布置。水库库区范围广，各建筑物体型庞大，且存在视线遮挡、凹凸不平、植物滋生或其他情况，若仅站在某一指定部位查看，仅能看清附近小范围或一部分的情况，而要确保了解整个枢纽建筑物的状况，必须反复步行巡视。因此制定合理的巡查点、巡查路线对于巡查工作的有效开展、及时发现病险状况可起到事半功倍的重要作用。巡查责任人要掌握重点巡查部位、路线与内容，有观测设施的要结合观测设施开展巡查。

1）巡查点位布置。在水库大坝的枢纽区域内关键部位布置巡查点位，巡查点位一般布置在上游坝坡、近坝水面、坝顶、水位标尺、输（放）水涵洞进口、输（放）水涵洞出口、启闭机房、近坝岸坡、下游坝坡、排水棱体及坝脚、溢洪道进口、溢洪道出口等处。各重点巡查点位应在水库现场标识清楚，以便巡查责任人规范开展巡查工作。重点巡查点位标识（示例）如图 4.1-6 所示。

2）巡查路线拟定。项目部结合小型水库现场实际，拟定巡查路线，并布设于水库现场，指导巡查责任人巡查工作。路线示例：输水涵管进口→水位标尺（坝前水质水情）→上游坝坡（从左至右）→坝顶（从左至右）→下游坝坡一级马道（从左至右）→下游坝坡二级马道（从右至左）→排水棱体及坝脚（集渗沟）→输水涵管出口→溢洪道出口→溢洪道进口→近坝岸坡→其他管理和保护范围。巡查路线标识（示例）如图 4.1-7 所示。

3）重点巡查部位及巡查路线应在水库现场公示牌中明确，巡查路线公示牌（示例）如图 4.1-8 所示。巡查点布置及巡查路线设置可参考图 4.1-9 所示的水库巡查路线图。

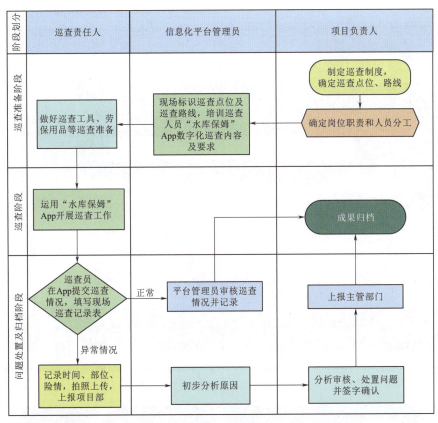

图 4.1-5　小型水库日常巡查工作流程

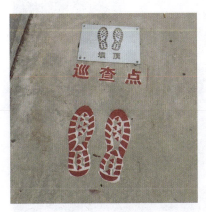

图 4.1-6　重点巡查点位标识（示例）

图 4.1-7　巡查路线标识（示例）

（3）巡查人员岗前培训交底，提升巡查队伍专业水平。水库物业化管理服务单位在巡查责任人选聘后应及时开展岗前培训及安全交底，使选聘的水库巡查人员能够全面了解水库巡查工作的重要性、掌握专业的巡查技能和知识、提升安全意识和应急处理能力，确保水库设施的安全稳定运行，有效预防和应对可能发生的各类安全风险。

为了确保水库巡查工作的顺利进行，保障巡查人员的生命安全与身体健康，水库物业化管理服务单位应至少每季度对巡查人员进行一次安全交底，旨在明确巡查工作中的安全

图 4.1-8 巡查路线公示牌（示例）

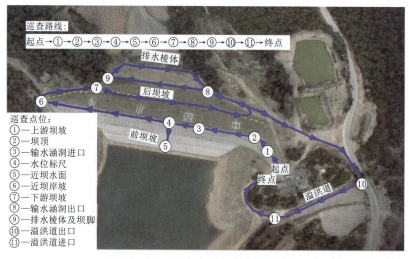

图 4.1-9 中路水库巡查路线图

注意事项、操作规程及应急处理措施，确保每位巡查人员都能充分认识到安全的重要性，并能在实际工作中严格遵守安全规定。

（4）"水库保姆"App 操作流程。"水库保姆"数字化巡查由巡查责任人运用智能手机"水库保姆"App 开展。巡查前应由项目部人员至水库现场，采用"一对一"方式，对巡查责任人进行实际操作培训。"水库保姆"App 操作流程如图 4.1-10 所示，操作示范如图 4.1-11 所示。

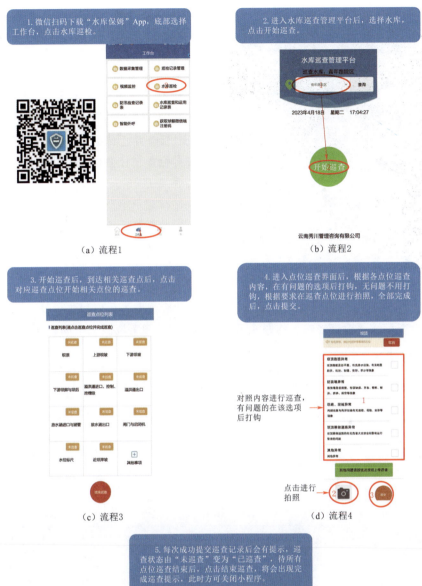

（a）流程1 （b）流程2

（c）流程3 （d）流程4

（e）流程5

图 4.1-10 "水库保姆" App 操作流程

图 4.1-11 "水库保姆"App 操作示范

4. 检查记录

检查记录可采用人工纸质记录或"水库保姆"App 等信息化电子设备记录。检查人员应当场逐项填写现场检查记录，不得遗漏。其中，采用纸质检查记录的应当场签名；采用信息化电子设备进行检查记录的，应及时保存并上传数字化管理平台。小型水库日常检查、月度检查及防汛检查记录表分别见表 4.1-8～表 4.1-10。"水库保姆"App 巡检记录示例如图 4.1-12 所示。

当检查发现缺陷或异常等情况时，巡查责任人应纸质记录并详细地说明情况，并运用"水库保姆"App 等信息化设备拍摄现场照片或录像上传数字化管理平台，并向水库物业化管理服务单位报告。

现场检查记录、检查报告、问题或异常的处理与验收等资料应定期归档。

表 4.1-8　　　　　　　　　　小型水库日常检查记录表

水库名称：　　　巡查时间：　　　当日库水位：　　　当日天气：　　　记录人：

序号	部 位		要 点	情况	问题描述
1	挡水建筑物（大坝）	坝顶，上游坝面与近坝水面	变形、塌陷、裂缝，水面漩涡、冒泡	□正常 □有问题	
		下游坝面、坝脚与坝后，两坝肩	变形、塌陷、裂缝、渗漏、冒浑水、白蚁危害	□正常 □有问题	
2	泄水建筑物（溢洪道）	进口与控制段，泄槽与出口段	变形、坍塌、冲刷、破损	□正常 □有问题	
		边坡与下游通道	落石、滑塌、变形	□正常 □有问题	
3	输（放）水建筑物（放水涵）	进口与涵管	变形、塌陷、塌坑，变形	□正常 □有问题	
		出口周边	渗漏、冒浑水、塌陷、塌坑	□正常 □有问题	
4	金属结构与电气设备（闸门与启闭机）	闸门、启闭机及电气设备	变形、卡阻、锈蚀、震动、破损，运行不灵	□正常 □有问题	
5	管理设施（监测、道路、供电、通信）	雨水情测报、安全监测设施	水尺，雨量筒	□正常 □有问题	
		道路与电力、通信条件	防汛道路，电力供应，通信条件	□正常 □有问题	
6	其他情况				

表 4.1 - 9 小型水库月度检查记录表

水库名称：

检查时间	年 月 日	水位/m		天气	晴□阴□雨□
检查内容与情况					
管理员 履职情况	巡查频次符合要求：是□ 否□		操作运行符合要求：是□ 否□	卫生维护符合要求：是□否□	
防浪墙	开裂：无□有□		错断：无□有□	倾斜：无□有□	
坝顶	裂缝：无□有□			积水或植物滋生：无□有□；	
上游坝坡	裂缝：无□有□		塌坑、凹陷：无□有□	隆起：无□有□	
	护坡：完整□破坏□		植物滋生：无□有□	其他：	
近坝水面	冒泡、漩涡等：无□有□		其他：		
下游坝坡	裂缝：无□有□		塌坑、凹陷：无□有□	隆起：无□有□	
	异常渗水：无□有□		植物滋生：无□有□	白蚁迹象：无□有□	
	动物洞穴：无□有□		排水体：完整□破损□	其他（如漏水声等）：	
坝址区	潮湿、渗水：无□有□		冒水、渗水坑：无□有□	渗透水浑浊度：清□浊□	
	植物滋生：无□有□		其他：		
两坝端（坝体 与岸坡连接处）	裂缝：无□有□		隆起：无□有□	错动：无□有□	
	渗水现象：无□有□		排水沟堵塞：无□有□	岸坡滑动迹象：无□有□	
	白蚁迹象：无□有□		动物洞穴：无□有□	其他：	
溢洪道	杂物堆积：无□有□		障碍物：无□有□	边墙完整：是□否□	
	靠坝边墙稳定：无□有□		消能设施完整：是□否□	岸坡危岩崩塌：无□有□	
输水涵（洞）、 （虹吸管）	进口水面冒泡：无□有□		洞（管）身断裂、损坏：无□有□		
	出口渗漏：无□有□		其他：		
金属结构、 启闭设备	闸门结构完整：是□否□		止水完好、无漏水：是□否□		
	锈蚀情况：无□一般□严重□		试运行情况：正常□异常□		
电气设施	线路接通：是□否□		备用电源完好：是□否□		
	试运行情况：正常□异常□		其他：		
监测设施	监测设施完好：是□否□		正常观测：能□不能□		
雨水情设施	设施完好：是□否□		电源充足：是□否□		
管理设施	管理房完好：是□否□		标识标牌清晰、完整：是□否□		
	坝区通信状况良好：是□否□		防汛道路通畅：是□否□		
信息化	系统维护：是□否□		运行正常：是□否□		
库区	侵占水域：无□有□		倾倒垃圾：无□有□		
存在问题					
检查人员 （签名）					

表 4.1－10 小型水库防汛检查记录表

水库名称：

检查时间	年 月 日		水位（溢流水深）/m			天气		晴□阴□雨□
检查内容与情况								
闸门试运行	闸门名称				开启高度/cm			
	启闭时间				操作人员			
	备用电源负荷运行情况：							
监测资料整编	保护设施完好：是□否□				正常观测：能□不能□			
	观测资料已整编：是□否□				测值异常情况：无□有□			
管理责任人	主管部门（或所有权人）负责人：				管理单位负责人：			
	日常巡查人员：				巡查员合同：无□有□			
	巡查员培训：是□否□				培训合格：是□否□			
控制运用计划（调度方案）	控制运用计划（调度方案）编制：是□否□				控制运用计划（调度方案）审批：是□否□			
	特征水位明确：是□否□							
应急措施	应急措施落实：是□否□				应急联系人（电话）			
	病险水库度汛方案落实：是□否□							
维修养护项目完成情况								
上一年度检查问题处置情况								
是否可以正常度汛								
防汛检查存在问题								
存在问题的处理建议								
检查人员（签名）								

图 4.1-12 "水库保姆" App 巡检记录示例

4.1.1.2 无人机巡查

无人机巡查水库的主要目的是提升水库巡查管理的全面性，帮助发现日常巡查不易察觉的死角，更全面地了解水库库区巡查死角的情况，保障水库的安全运行，并准确排查水库存在的乱占、乱采、乱堆、乱建（以下简称"四乱"）问题。针对水库存在的"四乱"问题，通过无人机巡检可以实现对水库的全面、有效监控，及时发现并处理潜在的风险和问题，确保水库的稳定运行和生态环境。

利用无人机巡库可以快速、全面地覆盖水库管理范围，减少巡检时间，提高库区巡查工作效率和巡检的经济效益。无人机搭载的传感器和相机可以提供高质量、高精度的巡检数据，实现准确的巡检和评估。通过无人机的实时监控，可以及时发现异常情况，以便水库物业化管理服务单位相关人员采取紧急措施或预警。

1. 无人机巡查频率与周期

项目部对水库进行的无人机巡查应保持至少每季度 1 次，根据水库的水位变化、气候变化、季节更替等因素，可适当调整巡查频次。每次巡查应制定详细的巡查计划，包括每次巡查的具体时间、路线、区域等，并严格按照计划执行。

2. 巡查区域与路线

无人机的巡查区域主要为水库库区。根据水库的地形、周边环境等因素，规划合理的巡查路线，确保巡查无死角。在巡查过程中，应保持对水库周边环境的观察，对库区异常情况及时记录并上报。

3. 巡查时间与天气

选择适合的巡查时间，尽量避免在恶劣天气和夜间巡查，确保无人机和操作人员的安全。在恶劣天气条件下，如大风、雷雨、雾霾等，应暂停无人机巡查，确保安全。在巡查前应关注天气预报，合理安排巡查时间和路线。

4. 巡查人员资质与培训

从事无人机巡查的人员应具备相应的无人机操作资质和技能。定期对操作人员进行培训和考核，提高操作水平和应对突发情况的能力。确保每班次有至少2名操作人员在场，以便相互协作和应对突发情况。

5. 无人机巡查注意事项

（1）在无人机巡查前，进行全面的安全风险评估，并采取相应的预防措施。

（2）在巡查过程中，应随时保持无人机与操作人员的联系，确保信息的及时传递和应对突发情况。

（3）制定应急预案，包括无人机故障、人员受伤等情况的应急处理措施。

（4）在巡查现场设置安全警示标识和隔离带，防止无关人员进入现场。

（5）定期检查无人机的维护保养情况，确保设备的正常运行和使用寿命。

（6）建立完善的无人机巡查安全管理制度和应急预案，确保无人机巡查工作的安全顺利进行。

无人机巡查操作及巡查现场分别如图4.1-13和图4.1-14所示。

图 4.1-13　无人机巡查操作现场　　　　　　图 4.1-14　无人机巡查现场

4.1.1.3　隐患处理及报告

水库巡查发现的隐患，应按制度要求及时逐级报告，并组织分析判断可能产生的不利影响，及时落实相应处理措施。

（1）对检查中发现的工程缺陷或隐患，项目部应分析判断可能产生的不利影响，并提出处理意见、措施。处理内容属于管护服务范围的，应及时组织实施处理；处理范围不属于服务范围的，应在发现隐患当天书面向水库管理单位报告。

（2）工程缺陷和隐患处理的原则如下：

1）日常检查、汛中检查发现的缺陷与一般安全隐患，应限时完成处理；一时难以处理的，应尽快开展专项维修。

2）汛前检查发现的缺陷与一般安全隐患，一般应在主汛期前完成处理。

3）汛期检查发现的缺陷与一般安全隐患，不需要调度处理的应及时完成处理，需要调度后才能处理的，应编制专项处理方案报水库管理单位及主管部门审批后进行处理。

4）汛后检查发现的缺陷与一般安全隐患，一般应在下一年汛前完成处理。

5）检查中发现影响水库大坝运行安全的重大安全隐患，应迅速研究处理，并及时报告上级主管部门。

4.1.2　值班值守

水库值班值守工作是保障水库安全运行的重要一环，通过密切监测雨情、水情、灾情、险情动态，及时发现并上报险情，能有效提高对突发事件的协调处置能力。

"水库保姆"值班值守主要是开展项目部值班、巡查责任人值班和应急值守等工作。

4.1.2.1　项目部值班

项目部值班是在汛期，由项目部轮流对实施物业化管理的所有水库进行的值班值守工作，其具有如下优势：一是值班对象为物业化管理的所有水库，通过制定项目部值班值守制度，统一标准要求，形成一体化值班，水库物业化管理服务单位及各项目部能更有效地上传下达、沟通联络。二是值班项目部利用水库运管信息平台和各项目部汛情报告作为支撑，能更全面高效掌控汛期情况，具有专业技术性强的特点。三是项目部之间轮流值班，各项目部都能了解物业化管理的所有水库情况，相互学习经验做法，提升水库"保姆管护"管护工作能力；同时能从各项目部不同角度发现问题，有效减少错误，降低"水库保姆"管护的水库整体安全风险和提高隐患控制能力。

具体开展过程、工作内容及要求如下：

（1）每年汛期，由物业化管理单位按防汛值班制度统筹安排，组织小型物业化管理各项目部实施防汛值班值守工作，组建防汛值班小组。各项目部按周轮流对物业化管理的所有小型水库实行24小时防汛值班值守，汛期值班排班表见表4.1-11。

表4.1-11　　　　　小型水库物业化管理_____年度汛期值班排班表

序号	日期	值班项目部	项目经理	电话号码	备　注
1					
2					
3					
...					

（2）项目部值班由项目经理带班，技术负责人、平台管理人员、实习生及驾驶员24小时在当班项目部监控室值班。其余项目部按照值班项目部指令及时处理自己管辖水库的相关问题。

（3）值班项目部工作内容。

1）利用水库信息管理平台抽查巡查照片，主要检查库水位、大坝状态、溢洪道、放水涵等关键位置：①核查是否存在违规超汛限水位运行、三类坝病险水库违规蓄水运行；②核查溢洪道是否存在人为加筑子堰、设障阻塞、拦鱼网或其他影响防洪安全的问题；

③核查放水涵整体形貌结构是否完整，启闭设备能否正常使用。

2）关注天气预警信息。关注各地天气预警信息，重点关注雨情信息，在强降雨地区特别是发布橙色、红色降雨预警信息的地区，需提前腾出库容做好度汛准备工作。

3）核查巡查值守情况。当水库出现需要加密巡查或现场值守情况时，特别是发现险情或严重安全隐患时，核查各项目部是否落实巡查值守工作。

4）发布防汛工作指令。督促各项目部加强安全隐患排查，提醒做好安全监测和巡查值守工作，指导安全隐患和险情处置工作，发布防汛工作要求，落实防汛责任。

5）汇总并上报汛情日报、汛情周报：①汇总各项目部报送的当日汛期存在险情水库统计表（表4.1－12），于当日18：00前发送至防汛值班群；②每星期一8：30前，由上周值班项目部经理完成防汛值班简讯，经防汛值班总负责人审核后，发送至防汛值班群。

表 4. 1－12 _____ 项目部汛期存在险情水库统计表

序号	水库名称	水库规模	所在乡镇	存在险情和问题						采取措施	防汛指令
				报汛时库水位距离汛限水位/m	天气预警信息（预警等级）	是否安排巡查值守	溢洪道是否存在堵塞和拦挡	输水涵是否正常运行	其他隐患情况		
1											
2											
3											
…											

（4）其他项目部工作内容。关注当地雨情信息，将天气预警信息及时向值班项目部报告，按值班项目部发布的防汛工作要求，做好安全监测和巡查值守，处置度汛安全隐患和险情工作，落实提前腾库准备工作。要求如下：①坝高15m及以上的水库，降低水位到汛限水位3m以下；②坝高5～15m的水库，降低库水位到汛限水位2m以下；③坝高5m及以下的水库，降低库水位到汛限水位1m以下；④病险水库空库度汛。

当水库所在地存在持续性降雨、单点暴雨（24小时降雨量大于50mm）或者较大安全隐患时，所属项目部平台管理人员通知要求巡查人员或安排项目部成员进行24小时现场值班或加密巡查。重点关注挡水、泄水、放水建筑物安全状况，闸门及启闭设施运行状况，供电条件和备用电源等情况，水位是否超过汛限水位、水面是否出现浑浊和冒泡现象、坝体是否出现开裂和渗漏等安全隐患，并由项目经理及时上报各水行政主管部门排险处置，必要时可越级上报。

1）检查水库蓄水情况。各项目部逐一排查所管理的小型水库，重点关注库水位是否超汛限水位或接近汛限水位，病险水库是否空库度汛，并按表4.1－13所示的库水位预警条件上报预警水库信息。

2）检查溢洪道。各项目部逐一排查水库溢洪情况：有无人为加筑子堰、设障阻塞、拦鱼网或其他影响防洪安全的问题；溢洪道结构有无重大缺损；有无威胁泄洪的边坡稳定问题；出口段消能工是否完整，有无淘刷坝脚的问题。

表 4.1-13 库 水 位 预 警 对 照 表

水库规模	预警条件（库水位与汛限水位距离）/m				
	5月	6月	7—8月	9月	10月
坝高 15m 及以上	≤1	≤2	≤3	≤2	≤1
坝高 5～15m	0	≤1	≤2	≤1	0
坝高 5m 及以下	0	0	≤1	0	0

3）检查放水涵。各项目部逐一排查水库放水涵情况：整体形貌结构是否完整；进口段结构有无倾斜不均匀沉降变形等情况；放水时是否有异响；出口段有无集中渗水、散浸现象；启闭设备能否正常使用。

4）检查是否存在违规运行和存在其他度汛严重安全隐患。各项目部逐一排查是否存在重大度汛安全隐患和违规运行的水库。当出现水库超汛限水位蓄水的情况时，若巡查责任人不听从项目部防汛调度指令，项目负责人应立即安排人员到现场采取措施降低水库水位，同时可采取解除聘用合同、更换巡查责任人的措施；如果是乡镇或村集体强行蓄水，应暂停物业化服务措施。

5）及时报告每日汛情。各项目负责人每日在防汛值班群报送《汛期存在险情水库统计表》，要求实行零报告制，若出现瞒报、漏报和虚报的情况，项目经理承担全部责任。

（5）交接班要求。

1）值班时间为星期一上午 8：30 至次周星期一 8：30，值班项目部应认真遵守值班时间，按时交班。

2）交班项目部应将值班主要情况及注意事项进行汇总并完成交接，接班项目部要认真了解相关工作情况，及时接班。

4.1.2.2 巡查责任人值班

巡查责任人值班值守主要是承担物业化管理的小型水库的安全保卫与现场防汛值班值守工作。

（1）保卫值班。巡查责任人应做好库区保护范围内的安全保卫工作、管理区环境卫生工作、水源地保护工作，以及防火、防盗、防破坏治安工作；对库区建筑物、围栏等设施进行管护，对水库游泳、洗涤、捕鱼和破坏水利工程设施及污染水源的行为要及时制止。

（2）巡查责任人防汛值班。为使各项水利工程在汛期能安全度汛和安全运行，每年汛期，小（1）型水库实行 24 小时值班值守；小（2）型水库遇突降暴雨、连续降雨、库水位接近汛限水位时进行 24 小时值班值守；汛期时间有调整的，按上级公布的汛期时间执行。要求如下：

1）值班值守人员应严格遵守劳动纪律，坚守岗位，严禁擅自离岗、脱岗，手机 24 小时保持开机。如确有事需离开应向项目负责人报告。

2）值班值守人员要随时了解天气预报、天气情况变化趋势，准确及时地掌握雨情、水情、工情，认真做好值班记录，收集资料并保存。

3）值班值守人员应加强业务知识学习，熟悉有关防汛知识和规章制度，积极主动做好情况收集和整理。及时了解当前汛情变化，熟记各测站及本水库的测报任务，正点、准确收发电报，认真做好值班记录和上报等工作。

4）当遇有恶劣过程性天气、大暴雨、山洪以及水库水位猛涨或高水位经计算预报值需要开泄洪闸等情况时，值班人员应立即报告水库防汛领导，通知各防汛工作成员，加强对水工程、泄洪闸启闭设备、通信设施、电源等相关设备的观测检查，发现问题及时处理汇报。

5）发现工程险情必须立即采取必要抢护措施，并及时向项目负责人、主管部门汇报。

6）值班人员除做好值班相关工作外，应保持水库管理范围环境卫生，并做好消防治保工作，防止观测设备遭人为破坏。

7）做好保密工作，严守国家机密，不得谎报。

8）值班情况列入个人工作考核，对工作不负责任，玩忽职守或擅自离岗的，根据情节给予行政处分，严重的追究法律责任。

4.1.2.3 应急值守

当遇有恶劣过程性天气、大暴雨、山洪以及库水位暴涨暴落或接近历史最高水位、设计洪水位、设计死水位等情况时，或者出现水库持续高水位运行等工况后，项目部应安排人员（项目经理、技术负责人、平台管理人员或巡查责任人）24 小时现场值守，直至险情状况消除。

（1）应急值守人员应持续观测险情变化，加强对水库大坝、溢洪道、泄洪闸启闭设备、通信设施、电源等相关设施设备的观测检查，发现问题及时处理汇报；发现工程险情变化必须立即采取必要抢护措施，并及时向项目负责人、主管部门汇报。

（2）应急值守过程中，应当采取相应的安全防范措施，防止事故发生。险情排除前或者排除过程中无法保证安全的，应当从危险区域内撤离，并疏散可能危及的其他人员；设置警戒标志，跟踪观测和检查，防止次生事故发生。

（3）应急值班人员应准确及时地掌握雨情、水情、工情，认真做好值班记录。水库值班记录表见表 4.1-14。

表 4.1-14　　　　　　　　　　水 库 值 班 记 录 表

时间		水情数据	库水位/m	
天气情况			库容/万 m³	
闸门状态	□开闸开度：　　　m　　　流量：　　　m³/s　　　□关闸			
具体情况				
值班人员				

4.1.3 操作运行

4.1.3.1 一般规定

小型水库操作运行应按照《水闸技术管理规程》（SL/T 75—2014）和《水工钢闸门和启闭机安全运行规程》（SL 722—2015）的要求，根据机电设备、放水设施等的特性制定切实可行的运行操作规程，运行操作应严格按照操作规程开展，杜绝运行安全事故发生；操作规程应标记在操作岗位醒目位置的墙上。

4.1.3.2 操作流程及要求

（1）明确岗位。操作运行岗位应落实相对固定的巡查责任人负责，禁止非运行操作人员进行操作。

（2）接收指令。运行操作须严格依照购买主体或水库管理单位授权调度指令开展。禁止不按授权指令操作或未经授权擅自执行调度操作。运行操作或调度过程中若发生异常情况，应及时向水库物业化管理服务单位或水库管理单位（产权所有者）报告。

（3）观察水情。观察上、下游水位、流态以及管理范围内，尤其是进水口、出水口附近情况，警告驱离周边人员，并做记录。

（4）检查设备。闸门开启前检查闸门启闭设备、电气设备、供电电源是否符合运行要求（如手摇杆是否完好），闸门运行路径有无卡阻物，确认正常后方可启闭操作。

（5）运行操作。

1）闸门启闭时，操作人员需服从指挥，集中精力，不得擅自离开岗位，严加监视，保障设备和人员安全。

2）闸门启闭时，若发现闸门有停滞、卡阻、杂声等异常现象，应立即停止运行，并进行检查处理，待问题排除后方能继续操作。

3）手动启闭机闭门时，严禁松开制动器使闸门自由下落，操作结束应立即取下摇柄。

4）防汛期间，泄水设施闸门故障无法启闭时，应按防洪抢险应急预案要求处理。

（6）操作结束。

1）闸门启闭结束后，操作人员应校对闸门开度，观察上、下游水位及流态，切断电源，同时做好闸门启闭运行记录。

2）操作完毕后，对闸房再巡视一次，如无异常，将扳手放置在固定位置，打扫完卫生后，锁好闸房门。

3）闸门启闭操作完毕，要及时报告主管领导。

（7）运行操作记录。操作人员应及时、真实记录运行操作情况，并将操作运行情况报告给水库物业化管理服务单位或水库管理单位（或产权所有者）。

小型水库闸门启闭操作流程如图4.1-15所示。

4.1.3.3 操作记录

（1）操作人员应及时、真实记录运行操作情况。

（2）运行操作记录内容应包括：操作依据、操作时间、操作人员，操作过程历时，上、下游水位及流量、流态情况，操作前后设备状况，操作过程中出现的异常情况和采取的措施。操作记录应由操作人员签字，小型水库闸门启闭记录表见表4.1-15。

（3）记录本应放置于操作岗位醒目位置，所有运行操作均应记录在案并按年度分册存档。

4.1.3.4 操作注意事项

（1）固定卷扬式启闭机和移动式启闭机的钢丝绳不应与其他物体刮碰，不应出现影响钢丝绳缠绕的爬绳、跳槽等现象。

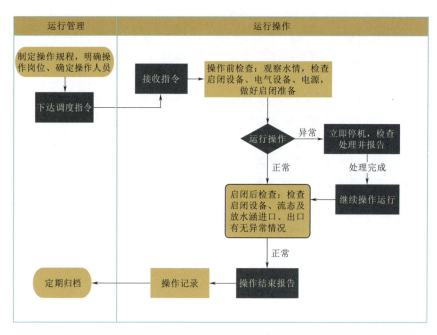

图 4.1－15　小型水库闸门启闭操作流程

表 4.1－15　　　　　　　　　　小型水库闸门启闭记录表

水库名称		操作日期		年　　月　　日
操作依据				
操作时间	□上午　□下午　时　分	库水位/m		
泄、输水设施	□泄水设施　□输水设施	运行操作		□开闸门　□关闸门
1. 操作前检查	上游水面检查情况（进口水流、水面情况）			□正常　□异常
	泄槽、消力池、出口检查情况			□正常　□异常
	边坡整体稳定情况检查情况			□正常　□异常
	闸门行程检查情况			□正常　□异常
	启闭设备检查情况（启闭机、电气设备）			□正常　□异常
2. 闸门启（闭）状态记录	操作前闸门开度/cm			
	操作后闸门开度/cm			
3. 闸门启（闭）后检查	流态检查情况			□正常　□异常
	启闭设备检查情况（启闭机、电气设备）			□正常　□异常
	溢流堰检查情况			□正常　□异常
	陡槽、消力池情况			□正常　□异常
操作人员（签字）：				

注　操作过程中如发生异常情况，应在操作过程简述中说明异常情况、采取的处置措施及处置结果。

　（2）开度、荷载装置以及各种仪表应反应灵敏、显示正确、控制可靠。

　（3）启闭机运转时如有异常响声，应停机检查处理。

（4）启闭机运转时，不具备无人值守条件的启闭机及电气操作屏旁应有人巡视和监护。

（5）用应急装置或手摇装置操作闸门时，当闸门接近启闭上限或关闭位置时应及时停止操作。

（6）过闸流量必须与下游水位相适应，使水跃发生在消力池内，应根据实测的闸下水位安全流量关系图表进行操作。

（7）过闸水流应平衡，避免发生集中水流、折冲水流、回流漩涡等不良流态。

（8）关闸或减少过闸流量时，应避免下游河道水位降落过快。

（9）过闸水流应保持平稳，运行中如出现闸门剧烈振动，应及时调整闸门开度，避免闸门停留在发生振动或水流紊乱的位置运用。

（10）多孔水闸闸门应按设计提供的启闭程序或管理运用经验进行操作运行，一般应同时分级均匀启闭，不能同时启闭的，应由中间孔向两边依次对称开启，由两边向中间孔依次对称关闭。

（11）闸门运行改变方向时，应先停止，然后再反方向运行。

（12）闸门启闭发生卡阻、倾斜、停滞、异常响声等情况时应立即停机，并检查处理。

（13）闸门启闭后应核对开启高度，按照要求完成工作。

（14）闸门操作完成后应专门记录，并定期归档保存。

4.1.4　维修养护

小型水库大多分布在偏远山区，点多面广，绝大多数由乡镇或村集体管理，没有专门的管理机构和专业技术人员，"缺人员、缺设施、缺经费"等问题比较突出，长期以来管护工作不到位，工程老化失修，给工程安全运行带来极大隐患，影响工程效益的发挥。随着小型水库物业化管理"水库保姆"管护模式的推广实施，小型水库全面推行管养分离，通过组建专职的维修养护队伍，常态化开展维修养护，促进维修养护走向管护专业化、管护计量化和管护规范化的"三化"道路，实现维修养护从"业余"到"专业"的转变，从而有效保障小型水库安全运行和工程效益的发挥。

4.1.4.1　维修养护范围及内容

1. 范围

维修养护范围包括坝顶、坝坡、下游坝脚与坝后、近坝岸坡、溢洪道、排水体、涵洞出口、金属结构和机电设备、管理房门窗、金属护栏等。水库枢纽结构示意如图 4.1－16所示。

2. 内容

维修养护分为日常维修养护和年度维修养护。

（1）日常维修养护是对工程进行的经常性保养、防护和经常检查发现问题的局部修

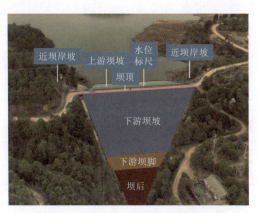

图 4.1－16　水库枢纽结构示意图

补，保持工程及配套设施完整、安全和正常运用。针对物业化管理的小型水库，日常维修养护的内容主要包括坝坡除草割草，溢洪道、排水沟清淤清堵，启闭机（含拉杆）、闸阀、闸阀室内管道、大坝区域内栏杆、管理房和启闭机房门窗等金属表面除锈刷漆，螺杆、钢丝绳、齿轮等转动或行走部位油污清理及涂抹黄油，以及其他日常劳务性质维修养护。

（2）年度维修养护包括岁修和大修，其中岁修是针对汛后检查发现的工程及配套设施存在的一般损坏和问题，每年（或周期性）进行必要的维修或局部改善；大修是当水工建筑物、地下洞室、边坡和设施等出现影响使用功能和存在结构安全隐患时，采取的重大修理措施。

"水库保姆"物业化管理仅开展日常维修养护工作。

4.1.4.2 维修养护定量

为了详细了解现场水库实际情况，开展维修养护前应组织专业技术人员对该县（区、市）水库进行全面深入的摸底排查，详细掌握各小型水库的维修养护工作内容，包括水库名称、坝型、坝高、坝长、维修养护部位、工程量以及情况描述等。根据维修养护标准认真筛选、审核，最终确定需要实施维修养护的小型水库数量及对应水库的维修养护工程量，并编制小型水库维修养护统计表（表4.1-16），以便后续编制招标文件。

表4.1-16　　　　　　　　××县小型水库维修养护统计表

序号	水库名称	坝型	坝高/m	坝长/m	维修养护部位	工程量	情况描述
一	××乡（镇、街道）						
1	××水库						
2							
3							
4							
5							
...							
二	××乡（镇、街道）						
1	××水库						
2							
3							
4							
5							
...							
三	××乡（镇、街道）						
1	××水库						
2							
3							
4							

序号	水库名称	坝型	坝高/m	坝长/m	维修养护部位	工程量	情况描述
5							
...							
四	××乡（镇、街道）						
1	××水库						
2							
3							
4							
5							
...							

4.1.4.3 维修养护外委

日常维修养护需要保证全面性及经常性，针对这两个特性，结合水库实际情况，根据小型水库规模的不同，维修养护采用不同的实施方式，其中小（1）型水库由巡查责任人（专职人员）负责实施，小（2）型水库由专职维修养护队伍负责实施。

（1）小（1）型水库由专职人员管护，人员素质、专业技能等水平较高，工作经验丰富，且巡查责任人24小时驻守水库，因此维修养护由巡查责任人负责实施，不仅负责日常维修养护工作，还负责巡视检查工作，以便及时发现需维修养护的项目，并能及时实施，从而达到水库经常性维修养护的目的，确保水库处于正常运行状态。

（2）小（2）型水库数量众多，巡查责任人属于灵活用工岗，人员素质、专业技能及工作经验等参差不齐，无法保证维修养护的质量。鉴于此，水库物业化管理服务单位通过询价比选、竞争性磋商、公开招标等方式组织有相应能力的专业机构或企业承担实施维修养护，承接单位负责所有小（2）型水库合同周期（一般为1年）内的维修养护服务，确保水库日常维修养护的全面性和经常性，中标单位根据中标通知和合同协议等文件的要求，委派管理人员组建专职维修养护队伍开展工作，实现专业的人做专业的事。

4.1.4.4 "定量定价" 实现维修养护计量化

为了提高资金使用效益，改变维修养护不到位的现状，水库物业化管理服务单位推行维修养护计量化支付的模式，其中小（1）型水库维修养护采用计量支付工作报酬方式结算，小（2）型水库采用工程量清单计价方式结算。

（1）小（1）型水库。项目部组织人员对维修养护完成数量和质量进行月度考核，考核标准包括：①确保坝顶、内坝坡没有杂草，外坝坡草坪高度不超过20cm；②发现排水沟淤积、输水洞堵塞、溢洪道淤积堵塞有拦挡设施等情况，要及时处理，保持通畅；③按维修养护标准要求定期对水库设备进行维护、保养，考核结果作为支付工作报酬的依据，确保维修养护及时、到位。

（2）小（2）型水库。项目部组织人员定期全面摸查，重点检查坝坡外观、溢洪道淤积堵塞情况及排水沟是否通畅等内容，对存在的维修养护问题现场量测工程量（图4.1-17），收集影像资料，编制维修养护招标或竞争性磋商等文件，通过"市场化"的竞争性报价确定维修养护分项单价。实施完成后，项目部组织对维修养护项目进行验收，验收合格后核定工程量，根据已确定的分项单价和现场核定工程量确定结算价，并办理结算，实现维修养护计量化支付，确保资金使用落到实处。

（a）示例一　　　　　　　　　　　　　　　（b）示例二

图 4.1-17　现场量测维修养护工程量

4.1.4.5　维修养护控制

维修养护须严格执行《土石坝养护修理规程》（SL 210—2015）、《混凝土坝养护修理规程》（SL 230—2015）等相关现行行业标准和规程。

实施前，项目部组织对养护人员进行安全技术交底，明确实施难点、要点及安全注意事项，并签订安全技术交底书（表 4.1-17）；实施中，维修养护队伍按照统一的工艺和标准开展，确保维修养护内容、频次和标准达到实施要求（表 4.1-18），同时水库物业化管理服务单位定期对养护人员进行专业技术培训和指导，提升维修养护水平；实施后，项目部组织完工验收，不满足标准的项目下发整改通知书限期整改，直至验收合格，做到维修养护事前、事中、事后全过程管理。设立养护台账，及时填写维修养护记录，做到每项养护工作有迹可查、有据可循，维修养护工作逐步规范化管理。小型水库日常维修养护工作流程如图 4.1-18 所示。

4.1.4.6　其他

1. 一般规定

（1）坚持"经常养护、随时维修、养重于修、修重于抢"的基本原则。除了直接消除建筑物本身的表面缺陷外，还应消除对建筑物有危害的社会行为，达到恢复或局部改善原有工程结构状况的目的，保持工程设施的安全、完整、正常使用，并定期开展保洁、绿化工作，维持良好的形象面貌。

（2）水库管理单位根据《起重机钢丝绳保养、维护、安装、检验和报废》（GB/T 5972—2023）、《土石坝养护修理规程》（SL 210—2015）、《混凝土坝养护修理规程》（SL 230—2015）、《水利水电工程启闭机制造、安全及验收规范》（SL/T 381—2021）、《水工金属结构防腐蚀规范》（SL 105—2007）的相关要求，组织开展全面检查，汇总水库存在的岁修、大修问题，制定年度维修养护计划（方案），确定维修养护的项目、内容、方法、时间和频次等内容，报水库主管部门批准，通过公开招标的方式遴选实施单位。小型水库年度维修养护工作流程如图 4.1-19 所示。

表 4.1-17   **小型水库维修养护安全技术交底书（参考）**

水库名称		维修养护范围	
交底人		时间	

安全交底内容：

1. 维修养护人员必须按照规定正确使用个人防护用品，严禁赤脚和穿拖鞋、高跟鞋进入维修养护现场。

2. 维修现场禁止明火、吸烟，禁止追逐打闹，禁止酒后作业。

3. 现场的各种安全防护设施、安全标志等，未经批准严禁随意拆除和挪动。

4. 现场维护设施设备遵守相关操作规程，先检查、后维护。

5. 维修养护人员进出场如自己驾驶交通工具的须注意驾驶安全。

6. 涉及用电线路改造的需要专业操作人员操作，非专业人员禁止操作。

7. 使用背式割草机割草需要注意的安全事项：

（1）穿着长袖及长裤，禁止穿着宽松衣物；佩戴安全帽、护目镜、耳罩，穿质地不易滑的鞋；禁止穿拖鞋或者光脚使用割草机。

（2）不允许酒后或生病的人、小孩和不熟悉割草机正确操作方法的人操作割草机。

（3）在引擎停止运转并冷却后再加油。

（4）启动前检查设备状态、油壶油量，加油时防止油过满溢出，若溢出应擦拭干净；检查打草绳盒是否扣紧。

（5）机器最少远离物体 1m 才可以启动。

（6）确保其他人不在危险区域内方可启动。

（7）启动时需抓紧操作杆以免因振动而失去控制。

（8）操作时不要将刀片朝向自己或朝向他人以免造成伤害。

8. 采用履带式割草机割草需按照操作规程操作。

9. 在没有可靠安全防护设施的高处（2m 及以上）施工时，必须系好合格的安全带，安全带要系挂牢固，高挂低用。高处作业不得穿硬底和带钉易滑的鞋，穿防滑胶鞋。

记录人：

被交底人（签名）	

（3）大修项目由水库管理单位根据有关规定组织编制维修养护方案或进行专项设计，经专家评审和主管部门批准后实施。

2. 主要项目的日常维修养护标准

（1）库区除草、保洁和清障标准。

1）对大坝（上游坝坡、下游坝坡、坝顶、防浪墙）、溢洪道（进水段、泄槽段、消能段及边墙等）、管理房周边 1m 左右范围内进行常态除草和卫生保洁，保证外观质量。

2）草皮护坡不得有杂草、灌木等，高度不得大于 20cm；清除杂草、灌木时不得破坏原建筑物结构，不得影响水质安全。

表 4.1 - 18 小型水库日常维修养护实施要求

项目	工 作 内 容	频次	标 准 要 求
坝顶	1. 清除杂草、弃物、堆积物等； 2. 修补坝顶坑洼、凹陷、路面脱空等	2～6次/年	路面完好、平整坚实，无积水、杂草、弃物、堆积物
上游坝坡	1. 清除杂草、弃物、堆积物等； 2. 修补坡面坑凹、陡坎等缺陷； 3. 填补、楔紧脱落或松动的护坡		表面整洁美观、无杂草、坝坡平顺、护坡（面板）完整、无破损、松动、塌陷等
下游坝坡	1. 清除杂草、树木、弃物； 2. 处理坡面洞穴、陷坑等缺陷； 3. 对枯死、损毁或冲刷流失部位播撒草籽补植		坝坡完整，无高秆杂草（高度20cm）、树木、洞穴蚁害等
溢洪道	清除溢洪道内砂石、杂草、杂物、垃圾等	1～2次/年	保持通畅，无砂石、杂草、杂物、垃圾等；进口无私建底坎、拦鱼栅、渔网等阻碍物；结构表面平整、无破损、裂缝、冲坑等
排水体	清除排水沟（管）内的杂草、淤泥、漂浮物、垃圾等		排水体块石完整，无杂草、泥土等淤塞、损坏，排水畅通
涵洞出口	清除出水口、树木、块石、垃圾等		涵洞出口无堵塞树木、块石、垃圾等堵塞情况
闸门	1. 清除表面水生物、泥沙、污垢等杂物； 2. 金属闸门除锈、刷漆； 3. 运转部位加注润滑油		门槽无杂物、门体提升方向无阻碍金属闸门无大面积或严重锈蚀情况；止水橡皮无变形、磨损、老化严重现象
启闭机	启闭机维护保养		启闭机表面整洁，无锈蚀，连接件保持紧固，无松动现象
	螺杆、钢丝绳应涂抹防水油脂		螺杆、钢丝绳覆盖有防水油脂
管理房门窗金属护栏	表面除锈涂漆	以实际发生情况确定	金属表面无大面积或严重锈蚀情况
管理区域	管理区范围内的垃圾、弃物清除与保洁	以实际发生情况确定	管理区范围无垃圾、弃物，保持整洁等

3) 清除后的杂草、泥土等不得堆放在坝面和溢洪道内，应及时清运，确保库区范围整洁。

上游坝坡杂草清理和下游坝坡除草分别如图 4.1 - 20 和图 4.1 - 21 所示。

（2）泄水建筑物维修养护标准。

1) 及时清理溢洪道进水段、泄槽段、消能段等范围内的杂草、杂物及淤泥，确保溢洪道排水通畅。

2) 拆除溢洪道进口处私建的底坎、拦鱼栅、渔网等阻碍物（图 4.1 - 22 和图 4.1 - 23）。

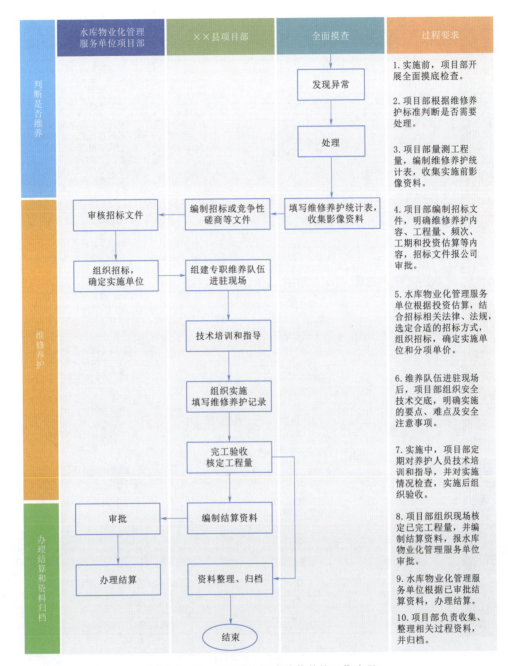

图 4.1-18　小型水库日常维修养护工作流程

3）结构表面平整，无破损、裂缝、冲坑等。

（3）金属结构和机电设备维修养护标准。

1）闸门。维修养护标准为：①闸门及埋件干净整洁，表面无锈斑，防腐层无剥落、鼓泡、龟裂、明显粉化等老化现象；②闸门各转动部位润滑良好、活动灵活，加油设施完好畅通；③各固定零部件无变形、松动、损坏现象。闸门除锈及刷漆保养如图 4.1-24

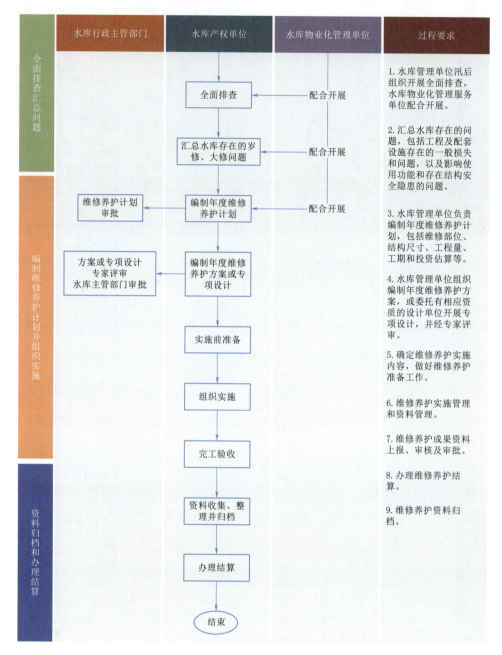

图 4.1-19　小型水库年度维修养护工作流程

所示。

2）启闭机。维修养护标准为：①启闭机整体表面整洁干净，无起皮、锈蚀现象；②各固定零部件无缺失、变形、松动、损坏现象；③各转动部位润滑良好、活动灵活，配合间隙符合规定。启闭机保养如图 4.1-25 所示。

（4）管理设施及监测、警示、标识设施维修养护标准：①管理房及启闭机房等房屋内部干净整洁，各类工具、材料、物品摆放有序；②屋面和墙面无脱落、渗水现象，门窗完

（a）示例1

（b）示例2

图 4.1-20 上游坝坡杂草清理（采用高压水枪清理）

（a）示例1

（b）示例2

图 4.1-21 下游坝坡除草（采用人工割草机除草）

（a）清理前

（b）清理后

图 4.1-22 拆除溢洪道私设拦挡

好、封闭可靠；③各类标识牌、水位尺、界桩等完好、醒目及美观。

3. 维修养护记录

维修养护完成后，水库物业化管理服务单位及时填写维修养护记录并上传至水库运行管理平台，记录的内容包括工程部位、存在的问题、维修养护实施情况、工程量等内容，以及同一部位维修养护实施前、后照片。维修养护记录表及附页示例如图 4.1-26。

（a）溢洪道进口段　　　　　　　　　　　　（b）溢洪道出口段

图 4.1-23　溢洪道进口及出口段清理

（a）闸门1　　　　　　　　　　　　　　　（b）闸门2

图 4.1-24　闸门除锈及刷漆保养

（a）启闭机1　　　　　　　　　　　　　　（b）启闭机2

图 4.1-25　启闭机保养

水库名称：_____ 规模：小（ ）型 位置：_____ 天气：___ 日期：___年___月___日

工程部位	存在问题	处理落实情况描述	工程量	备注

记录人：_____ 日期：_____ 项目负责人：_____ 日期：_____

附页1（照片）：

工程部位	维修养护前照片	维修养护后照片

图 4.1.26　维修养护记录表及附页（示例）

4.2　六项技术管护工作

4.2.1　制度建设

小型水库作为重要的水利基础设施，其安全、高效运行对于防洪、灌溉、供水、发电等具有重要意义。为确保水库物业化管理服务的高效运行，有必要建立健全各项管理制度，形成一套科学、规范、实用的管理体系。小型水库物业化管理服务的高效运行离不开健全的管理制度体系，通过制定科学、规范、实用的管理制度，并加强制度执行与监督，可以确保水库的安全运行、高效利用和可持续发展。

4.2.1.1　一般要求与原则

（1）遵循法律法规与行业规范。根据国家的法律法规、标准规范和相关规定，结合项目实际，制定各项规章制度，确保制度符合法律要求，适应项目特点。

（2）配套制度完整。规章制度应涵盖日常管理的各个方面，注重各项制度之间的配套衔接，形成完整的规章制度体系，确保制度间无冲突，共同构成水库管理的坚实框架。

（3）制定流程规范。规章制度的制定流程应包括起草、会签、审核和印发等环节，确保制度制定的科学性和权威性。

（4）操作内容可行。规章制度的条文应明确工作内容、程序、方法，紧密结合工程实际，具有较强的针对性和可操作性，确保制度能够切实指导水库管理工作。

4.2.1.2 制度内容

（1）安全管理制度：签订安全生产合同或安全责任书，明确安全生产责任、措施、安全生产组织、安全生产管理内容和要求等。

（2）岗位责任制度：明确岗位类型、岗位责任等。

（3）人员培训制度：明确岗位人员培训目标、内容、方式等。

（4）巡视检查制度：明确巡查主要内容，巡视检查类型、频次、方法、要求等。

（5）安全监测制度：明确监测项目、范围、频次、要求、资料整编等。

（6）维修养护制度：根据维修养护计划和委托合同的要求，明确日常维护内容，以及维修项目实施的原则、程序、检查、安全及验收等要求。

（7）操作运行制度：明确操作设备的规则、记录等要求。

（8）应急管理制度：明确应急管理的原则，编制应急预案要求，明确应急监控和报告、应急保障措施，开展应急宣传、培训与演练，应急响应等内容。

（9）值班制度：明确项目部值班和巡查责任人值班的人员安排、值班方式、值班工作内容、值班记录等要求。

（10）报告制度：按照管理工作中的报告类型，明确报告的原则、方式、内容和责任等要求。

（11）物资管理制度：并根据物业化管理服务的需要，明确物资的采购、入库、存放等要求。

（12）档案管理制度：结合档案管理有关规定，明确各类档案资料的收集、分类、收集、管理、保管和查阅、保密等要求。

（13）信息化管理制度：利用现代信息平台技术，包括健全功能模块、资料电子化、维护、更新、备份和自动观测设施等内容。

（14）考核评价制度：明确评价对象、评价内容、标准、评价方式等。

4.2.1.3 制度可视化与执行规范

（1）文化墙建设。项目部应设立文化墙，用于宣传小型水库物业化管理"水库保姆"管护理念、企业文化以及管理目标，营造积极向上的工作氛围。

（2）制度挂牌上墙。在项目部办公点，将各项管理制度（包括但不限于安全管理、巡视检查、应急管理、人员培训、档案管理等）挂牌上墙，确保制度公开透明，便于管理人员对照和执行。

（3）启闭房管理。所辖水库的启闭房内，应张贴运行操作规程，明确操作流程、注意事项及安全要求。同时，应设有运行操作记录本，用于记录每次启闭操作的详细信息，确保操作有据可查。

（4）工作手册配备。水库巡查操作人员应配备相应的水库日常管理工作手册，手册中应包含水库信息、巡查路线、巡查要点、安全隐患识别与处理、应急响应流程等内容，为巡查人员提供明确的工作指导和操作依据。

（5）标准化管理工作手册编制。根据《云南省水利厅关于印发〈云南省小型水库工程标准化管理评价实施细则（试行）〉的通知》（云水工管〔2024〕3号）的要求，各项目部需负责提供基础资料，协助编制每座水库的标准化管理工作手册。手册应涵盖水库工程管理、安全管理、运行管理、维修养护、档案管理等多个方面，形成一套完整、规范的管理体系。

4.2.2 安全监测

小型水库的安全监测对于确保水库安全运行、预防灾害发生至关重要。水库物业化管理服务单位一般应配备全站仪、水准仪、钢尺水位计、卷尺等监测仪器。安全监测事项主要由项目部负责，巡查责任人辅助实施。

4.2.2.1 一般规定

（1）小型水库安全监测项目一般分为雨水情测报（环境量监测）、变形监测和渗流监测。水库物业化管理服务单位应按照《水利水电工程安全监测设计规范》（SL 725—2016）、《土石坝安全监测技术规范》（SL 551—2012）、《混凝土坝安全监测技术规范》（SL 601—2013）等相关规范要求，并结合水库的具体情况，开展必要的安全监测项目。

（2）小型水库安全监测范围应包括坝体、坝基，以及影响工程安全的输（泄）水建筑物和近坝岸坡等。水库物业化管理服务单位应根据监测项目配备相应的监测设施设备，并确保监测设施设备结构完整、设备完好、精度达标。

（3）安全监测项目观测精度及观测频次应符合《土石坝安全监测技术规范》（SL 551—2012）、《混凝土坝安全监测技术规范》（SL 601—2013）的要求。当发生有感地震、暴雨、台风、高水位运行、库水位骤变及大坝工作状态异常等情况时，应加强巡查，发现问题及时上报。

（4）安全监测应由专人负责，监测资料应完整、连续。开展安全监测的人员应经过专业培训，熟悉监测设施的布置及监测仪器设备的基本功能，掌握监测资料整编和分析方法。

（5）人工观测的原始记录、整理核对结果经水库物业化管理服务单位的监测人员和项目部技术负责人签字后，由平台管理人员将原始实测数据录入水库运行管理平台。

（6）安全监测资料整编分析每年进行1次，整编成果应符合《土石坝安全监测技术规范》（SL 551—2012）、《混凝土坝安全监测技术规范》（SL 601—2013）的要求。整编分析中发现异常时，应组织专业技术人员进行分析研判，查明原因，及时采取措施并做好记录。

4.2.2.2 监测项目

小型水库安全监测项目一般分为雨水情测报（环境量监测）、变形监测和渗流监测（图4.2-1）。

1. 雨水情测报（环境量监测）

雨水情测报（环境量监测）项目包括上下游水位、降雨量、气温、库水温、坝前泥沙淤积及下游冲刷、冰压力等。对于小型水库主要进行库水位观测和降雨量观测。

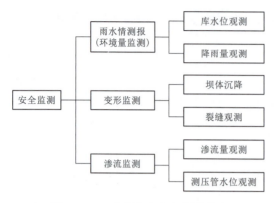

图 4.2-1 小型水库安全监测项目

水库物业化管理服务单位雨水情测报的主要工作为：库水位、降雨量观测和检查雨水情测报系统运行情况，查询相关数据进行记录并报送雨水情数据等；当预报有强降雨或库水位将超汛限水位时，及时督促相关责任人进岗到位，检查溢洪道进口是否设有拦挡，出口是否堵塞，保证行洪安全。

（1）库水位观测。

1）库水位监测是水库安全运行、水情预报的重要依据，它能够测定水库水位变化情况，并由库容曲线推求出库容。

2）小型水库应设置 1 处自动监测水位计，同时设置人工观测水位尺，满足人工观测和校核要求（图 4.2-2 和图 4.2-3）。其中，自动监测数据自动上传至平台，人工监测数据则通过"水库保姆"App 巡查照片上传至平台，由平台管理人员在后台对数据进行分析对比。

图 4.2-2 自动监测水位计

图 4.2-3 人工观测水位标尺

（2）降雨量观测。

1）降雨量是计算水库"水账"、掌握水库水情的一个基本因素，通常以降落到地面的水层深度来表示，同时可根据渗流系数计算出库区来水量。

2）小型水库应设置不少于 1 个降雨量观测点，一般布置在坝区，库区面积超过 $20km^2$ 的可根据实际增加 1 个观测点。翻斗式雨量计和一体化雨水情监测站分别如图 4.2-4 和图 4.2-5 所示。

2.变形监测

变形监测项目包括坝体表面变形、坝体（基）内部变形、防渗体变形、界面及接（裂）缝变形、近坝岸坡变形、地下洞室围岩变形。小型水库变形监测项目主要为坝体表面变形，其中土石坝以监测垂直位移为主，混凝土坝以监测水平位移为主。观测水准点和沉降位移监测分别如图 4.2-6 和图 4.2-7 所示。

图 4.2-4　翻斗式雨量计

图 4.2-5　一体化雨水情监测站

图 4.2-6　观测水准点

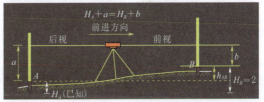

图 4.2-7　沉降位移监测

3. 渗流监测

（1）渗流监测项目包括渗流量、坝基渗流压力、坝体渗流压力、绕坝渗流、近坝岸坡渗流、地下洞室渗流。小型水库渗流监测项目主要包括渗流量、渗流压力或扬压力。

（2）渗流量监测方式根据渗流量大小和汇集条件采用容积法或量水堰法。其中，渗流量不超过 1L/s 的可采用容积法监测；渗流量为 1～300L/s 的可采用量水堰法监测，如图 4.2-8 所示。

（3）渗流压力监测常用的方法包括测压管监测法（图 4.2-9）和孔隙水压力计监测法等。

4.2.2.3　监测要求

1. 雨水情测报

（1）库水位观测要求。

图 4.2-8　量水堰法监测

图 4.2-9　测压管监测

1）库水位应每日定时测读，水位宜读记至 1cm。人工测读时，按水面与水尺的相交处读取数值，同时上传水位标尺巡查图片，由平台管理人员后台进行复核。

2）水位自动监测设备应根据观测需要设置定时观测和加密观测时段。

3）水位自动监测设备应定期进行校测，校测频率为每年不少于 1 次，宜在汛前开展。

（2）降雨量观测要求。

1）降雨量以毫米为单位，记录精度至 0.5mm。

2）采用人工雨量计观测应每日 8 时统计降雨量，采用自记式雨量计观测应每日 8 时检查观测记录。日降雨量以 8 时为日分界线，即从昨日 8 时至今日 8 时的降雨量为昨日降雨量。

3）降雨量测报频次原则上每日不少于 1 次，当库区降雨量加大时，根据情况增加测报频次。

（3）环境量监测频次。

水位监测时间可根据水库蓄水运用情况而定。环境量监测频次原则上按表 4.2-1 规定的测次进行全面、系统和连续的观测。汛期、初蓄期以及遭遇特殊情况时，适当增加频次，具体频次由具有管辖权的县级以上水行政主管部门确定。

表 4.2-1　　　　　　　　　　　　环 境 量 监 测 频 次 表

监测项目	监 测 频 次				
	汛 期			非汛期	
	初蓄期	运行期		初蓄期	运行期
		小（1）型	小（2）型		
库水位	1次/天	1次/天	1次/2天	2次/周	1次/周
降雨量	1次/天	1次/天	1次/2天	2次/周	1次/周

2．变形监测要求

（1）表面变形监测应以小型水库原有坐标系为基础开展观测工作并进行成果记录。

（2）水平位移监测可采用视准线法、前方交会法和全球导航卫星系统（global navigation satellite system，GNSS）法。

（3）采用人工观测大坝表面变形时，水平位移和垂直位移变形应分别采用全站仪和水准仪进行观测。所用全站仪和电子水准仪的技术指标须能保证《国家三、四等水准测量规范》

（GB/T 12898—2009）和《国家三角测量规范》（GB/T 17942—2000）规定的测量精度要求。

（4）变形检测的正负号应符合下列规定：

1）垂直位移：下沉为正，上升为负。

2）水平位移：向下游为正，向左岸为正；反之为负。

3）裂（接）缝：张开为正，闭合为负。

（5）变形监测精度相对于邻近工作基点应不大于±3mm。

3．渗流监测要求

（1）采用容积法测量渗流量时，容器充水时间根据渗流量的大小确定，宜不小于10s，渗流量两次测值之差不应大于其平均值的5％。

（2）采用量水堰监测渗流量时，水尺的水位读数应精确至1mm，测针、量水堰计的水位读数应精确至0.1mm，堰上水头两次监测值之差不应大于1mm。

（3）采用测压管监测渗流压力时，测压管管口高程，在初蓄期应每半年校核1次，运行期应每2年至少校核1次，疑有变化时随时校测。

4．变形和渗流监测频次

小型水库变形和渗流监测频次原则上按表4.2-2规定的测次进行全面、系统和连续的观测，汛期、初蓄期以及遭遇特殊情况时，适当增加频次，具体频次由具有管辖权的县级以上水行政主管部门确定。

表 4.2-2　　　　　　　　　　　变形和渗流监测频次表

监测项目	监测频次	
	初蓄期	运行期
渗流量	3～30次/月	1～4次/月
测压管水位	3～30次/月	1～4次/月
变形监测（沉降位移）	1～10次/月	4～6次/年

4.2.2.4　监测记录

小型水库安全监测要及时做好观测记录，记录格式参见表4.2-3～表4.2-7。实际操作中，监测记录表可根据实际情况调整。

表 4.2-3　　　　　　　　　　小型水库安全监测记录表

观测时间：　年　月　日　　　库水位：　　m　　　天气：　晴　阴　雨

序号	监测项目	观测指标	监测值	初步结论	备　注
1	环境量	库水位/m			
		降雨量/mm			
2	测压管水位/m	A测点		正常　异常	
		B测点		正常　异常	
		C测点		正常　异常	
3	渗流量/(L/s)	A测点		正常　异常	
		B测点		正常　异常	
		C测点		正常　异常	

序号	监测项目	观测指标	监测值	初步结论	备 注
4	沉降量/mm	A测点		正常 异常	
		B测点		正常 异常	
		C测点		正常 异常	
5	其他项目	项目1		正常 异常	
		项目2		正常 异常	
记录人（签字）：			负责人（签字）：		

注 1. 本表由安全监测记录人员在现场如实记录填写。

2. 经与以往数据对比分析得出初步结论，若发现异常则须在备注中填写存在问题和处理情况，可另附页填写。

表 4.2－4 **水平位移监测资料整编表**

首测日期： 年 月 日 终测日期： 年 月 日

日期（月-日）		位移量/mm									备注
		测点1		测点2		测点3		…		测点n	
		X	Y	X	Y	X	Y	X	Y	X	Y	
全年特征值统计	最大值											
	最小值											
	平均值											
	年变幅											
结论												
建议												
记录人（签名）：				整编人（签名）：				负责人（签名）：			

注 1. 水平方向正负号规定：向下游、向左岸为正；反之为负。

2. X代表上下游方向（或径向）；Y代表左右岸（或切向）。

表 4.2－5　　　　　　　　　　**垂直位移监测资料整编表**

首测日期：　年　月　日　　　终测日期：　年　月　日

日期 （月-日）	累计垂直位移量/mm					备注
	测点 1	测点 2	测点 3	…	测点 n	
全年特征 值统计	最大值					
	最小值					
	平均值					
	年变幅					
结论						
建议						
记录人：（签名）		整编人（签名）：		负责人（签名）：		

注　垂直位移正负号规定：下沉为正；反之为负。

表 4.2－6　　　　　　　　　　**测压管水位监测资料整编表**

首测日期：　年　月　日　　　终测日期：　年　月　日

日期 （月-日）	测点 1		…		测点 n		备注
	孔内水位 /m	渗压系数	…	…	孔内水位 /m	渗压系数	

续表

日期 （月-日）		测点 1		...		测点 n		备注
		孔内水位 /m	渗压系数	...	...	孔内水位 /m	渗压系数	
全年特征 值统计	最大值							
	最小值							
	平均值							
	年变幅							
结论								
建议								
记录人（签名）：				整编人（签名）： 负责人（签名）：				

表 4.2-7　　　　　　　　　渗流量监测资料整编表

首测日期：　　年　月　日　　　　　终测日期：　　年　月　日

日期 （月-日）		渗流量/（L/s）			库区水位 /m	是否降雨	备注
		测点 1	测点 2	...			
全年特征 值统计	最大值						
	最小值						
	平均值						
	年变幅						
结论							
建议							
记录人（签名）：			整编人（签名）：		负责人（签名）：		

4.2.2.5 监测资料整编与分析

小型水库安全监测资料的整编与分析是评价大坝运行状态的主要手段。只有结合工程实际情况进行资料分析，才能发现大坝存在的隐患或病险。

1. 监测资料整编

在每次仪器检测完成后，应及时检查各监测项目原始监测数据的准确性、可靠性和完整性。检查内容包括：作业方法是否符合规定，监测记录是否正确、完整、清晰，各项检验结果是否在限差以内，是否存在粗差、系统误差。如有漏测、误读（记）或异常，应及时复测确认或更正，并记录有关情况。

监测资料整编每年进行1次，收集整编时段的所有观测记录，对各项监测成果进行初步分析，阐述各监测数据的变化规律以及对工程安全的影响，并提出水库运行和存在问题的处理意见。

整编结束后应将整编资料装订成册，主要内容和编排顺序为：封面、目录、整编说明、工程基本资料及监测仪器设施考证资料（第一次整编时）、监测项目汇总表、巡视检查资料、监测资料、分析成果、监测资料图表和封底。

监测资料整编材料按档案管理规定及时归档，同时将监测数据上传至水库运行管理平台。

2. 监测资料分析

大坝安全监测资料分析报告主要是根据监测资料的定性、定量分析成果，对大坝当前的工作状态作出综合评估，并为进一步追查原因、加强安全管理和监测，乃至采取防范措施提出指导性意见。编制内容一般包括：巡查情况、监测资料整编、分析情况，大坝工作状态和存在问题的综合评估及其结论，对下一年度工程的安全管理、安全监测、运行调度以及安全防范措施等方面的建议。

4.2.3 安全管理

水库是兴水利除水害的重要基础设施，加强水库管理、保障水库安全运行意义重大。因此，水库管理单位应做以下工作：①健全安全制度，落实安全责任，将工程安全管理进行精细化分工，掌握水库基础信息，在日常安全管理工作中制定水库汛前、汛中、汛后检查相关要求、记录表格及防汛检查工作报告；②在日常巡查过程中做好相关的安全技术交底工作；③在开展维修养护工作前进行相关的安全交底；④汛期严格执行24小时防汛值班工作；⑤组织专业技术人员按照水库大坝安全应急预案编制导则编制满足规程规范要求、适用性强的《水库大坝安全应急预案》，按照水利计算模型软件绘制大坝溃坝洪水淹没范围图、大坝溃坝下游人员转移路线图等"三图一表"❶，结合预案的内容在水库现场固定特征水位牌、张贴溃坝洪水淹没范围图及人员转移路线图，让所有管理人员掌握了解应急流程，项目部配合水库主管部门开展应急抢险工作，通过开展各项安全管理工作保障水库的运行。

4.2.3.1 安全生产管理

安全生产管理包括安全生产责任书签订、隐患排查与治理、危险源辨识与风险评价及

---

❶ "三图一表"是指应急组织体系图、应急响应流程图、人员转移路线图和分级响应表。

管控的管理等相关工作事项,根据相关法律法规和管理单位实际情况,规定安全生产管理相关事项的工作内容与要求。

(1)水库物业化管理服务单位应建立安全生产机构,落实安全生产责任制,签订安全生产责任书,构建水库安全生产风险查找、研判、预警、防范、处置和责任等风险管控"六项机制"。

(2)水库物业化管理服务单位应定期开展综合检查、专项检查、季节性检查、节假日检查和日常检查,对于水库现场排查出的一般隐患,项目部要立即组织整改,及时采取措施予以消除,不能立即整改的,要做到整改责任、资金、措施、时限和应急预案"五落实"。对于排查出的重大事故隐患要及时报告水行政主管部门,实现隐患排查治理自查自改自报的闭环管理。

(3)水库物业化管理服务单位应建立完善安全生产风险管控机制,积极推动安全生产标准化达标建设,按照《水利工程运行管理单位安全生产风险分组管控体系细则》(DB37/T 3512—2019)和《水利工程运行管理单位生产安全事故隐患排查治理体系细则》(DB37/T 3513—2019)规定,推动双重预防体系建设工作。

(4)水库物业化管理服务单位应开展危险源辨识与风险评价工作,应针对自然灾害类、事故灾害类、社会安全事件类及其他水库大坝突发事件等情况,认真分析工程安全现状、可能突发事件以及突发事件的可能后果,按照《生产经营单位生产安全事故应急预案编制导则》(GB/T 29639—2020)、《水库大坝安全管理应急预案编制导则》(SL/Z 720—2015)、《水库防洪抢险应急预案编制大纲》及相关规定要求,编制和完善《水库安全管理应急预案》(以下简称《应急预案》)及相关专业应急预案,规范抢险措施、预案启动程序,健全安全保障体系。

(5)水库物业化管理服务单位要制定年度安全生产教育培训工作计划并组织实施,开展安全生产宣传,重点针对安全管理人员、在岗人员、新员工等进行教育培训。

4.2.3.2 水库安全管理

1. 落实安全责任制

项目部应落实水库大坝安全责任人、小型水库防汛"三个责任人",按照《水库大坝安全管理条例》《小型水库防汛"三个责任人"履职手册(试行)》有关规定,落实以地方政府行政首长负责制为核心的水库大坝安全责任制,同时水库要明确同级政府责任人、水库主管部门责任人、水库管理单位责任人。小型水库同时还要落实行政责任人、技术责任人、巡查责任人防汛"三个责任人",水库物业化管理服务单位要掌握大坝安全"三个责任人"的任职条件、主要职责,并在水库现场进行公示,因责任人变动等需要变更责任人的,应及时作出调整;应当在水库大坝醒目位置设立标牌,公布水库大坝安全责任人和小型水库防汛"三个责任人"的姓名、职务和联系方式等,接受社会监督,方便公众及时报告险情。

2. 掌握水库基础信息

项目部在开展工作过程中应收集水库注册登记表、水库安全鉴定报告、水库划界资料,以便更好地掌握水库的基础信息。在掌握水库的基础信息后,水库物业化管理服务单位应按照管理权限在开展水事巡查或日常管护的过程中及时阻止破坏和侵占以及其他可能影响人员安全、工程安全和水质安全的行为,并做好调查取证、配合查处工作并及时报告水利主管部门。

3. 日常安全管理工作

(1) 项目部应按照"水库保姆"管护模式中的管护内容及要求开展相关的安全管理工作，主要包括以下内容：

1) 水库汛前、汛中、汛后检查。项目部按照水库物业化管理服务单位制定的防汛检查制度编排防汛检查计划，制定防汛检查记录表，定期开展汛前、汛中、汛后检查，及时掌握水库的运行状况，消除潜在隐患，保证水库安全运行。

a. 汛前检查。项目部坚持早谋划、稳推进、快行动，由项目部负责人带队，技术负责人、专业技术人员以及水库巡查责任人组成的检查组对所管理的水库备汛工作进行汛前检查，确保水库度汛安全，重点查看水库大坝、溢洪道、闸门启闭机设备等重要设施，全面了解水库安全运行状况，现场查阅运行操作记录以及检查是否存在水库溢洪道堵塞、侵占等问题，详细了解水库管理过程中存在的问题、困难以及相关的建议与意见，对发现的问题隐患，及时进行整改，消除薄弱环节，杜绝水库现场"带险入汛"。

b. 汛中检查。"七下八上"是防汛关键期，项目部应积极落实主汛期、防汛关键期工作要求，开展汛中检查工作，保障"人员不伤亡、水库不垮坝、重要堤防不决口、重要基础设施不受冲击"。

c. 汛后检查。为及时掌握水库经过主汛期后的运行状况，检查汛中检查遗留问题的整改落实情况，项目部应组织相关的人员进行汛后检查，为水库来年开春保蓄水工作做保障。

项目部按照防汛检查记录表的内容开展汛前、汛中、汛后检查，并及时编制防汛检查报告。小型水库防汛检查记录表（汛前/汛中/汛后）见表4.2-8。防汛检查过程如图4.2-10所示。汛前检查报告示例如图4.2-11所示。

表4.2-8　　　　　　　小型水库防汛检查记录表（汛前/汛中/汛后）

检查项目		检查内容	检查结果	备注
工程设施检查	日常巡查中遗留问题	问题整改是否已完成，未整改的是否有措施计划		
	坝顶	坝顶是否顺直、平整、完好、畅通		
	坝坡	坡面是否平整完好，砌石或混凝土结构平整紧密，草皮完好，无杂草垃圾		
	岸坡	岸坡及山体是否存在裂缝、冲淘、塌方、滑坡的现象		
	排水体（沟）	排水体（沟）块石完整，无杂草、泥土，无淤塞、损坏，排水畅通		
	溢洪道	溢洪道是否通畅、无杂物		
	涵管	涵管是否开启正常，有无堵塞		
	工程观测设施	工程观测设施是否完好		
	管理设施	观测设施、标识标牌、管理用房、物资仓库是否完好、能否正常使用		
	管理和保护范围	有无危害水库安全的活动，有无垃圾杂草		

续表

检 查 项 目		检 查 内 容	检查结果	备注
非工程措施	防汛组织体系	防汛机构是否健全，防汛人员是否落实		
	通信及报汛情况	检查与防汛主管部门联络方式和报汛是否明确		
	水库调度规程	方案是否编制并报批，各项措施是否落实到位		
	防洪抢险应急预案	方案是否编制并报批，各岗位负责人、防汛抢险队伍是否落实到位		
运行记录检查	水位、渗流量等观测记录	是否按规定频次、格式记录，是否校核、签名		
	汛期巡查	汛期巡查记录是否满足要求		
	操作运行	是否执行调度指令、是否记录及签名		
	汛期值班记录	是否按规定频次、是否校核、签名		
防汛物资		物资储备种类、数量、质量是否达到要求，防汛物资是否超过储备年限		
其他				
检查人员（签名）				
校核意见				
校核人员（签名）：				
审核人员（签名）				

（a）库水面检查

（b）汛水位检查

（c）启闭机检查

（d）电器线路检查

图 4.2 - 10　防汛检查过程

2）防汛值班值守。

a. 巡查责任人值班。项目部按照水库物业化管理服务单位制定的防汛值班制度，安排巡查人员进行值班值守，其中小（1）型水库实行24小时值班值守；小（2）型水库突遇暴雨、大暴雨、库水位接近汛限水位等情况时，要求巡查人员进行值班值守，巡查人员应准确掌握天气预报、天气变化情况，做好值班记录和上报管理工作。当遭遇突发情况时，值班人员立即上报项目部负责人，项目部成员加强水库现场的检查排查，确保工程设施、泄水设施、通信设施、备用电源等的正常运行，发现问题及时处理。

b. 项目部值班。根据水库物业化管理服务单位制定的防汛值班制度，各项目部实施防汛值班值守，组建值班值守工作小组，轮流对水库物业化管理服务单位管理的所有水库实行24小时防汛值班。值班项目部利用运行监管平台查

图 4.2-11　汛前检查报告示例

看水库关键部位，检查溢洪道是否拦挡、库水位是否超汛限水位等；值班项目部关注天气预警信息，提醒其他项目部出现气象预警后重点加强水库的管控；值班项目部做好值班日报、周报的编制并及时报送；其他项目部按照项目部防汛值班要求组织好水库管理工作。

3）水库物业化管理服务单位应按照规范规程在管理中建立安全监测制度，按制度要求对水库运行过程中大坝及其他建筑物的工情进行观测，并及时对资料进行分析整理，对水库工程作出全面分析，及时掌握水库的安全状态。

4）水库物业化管理服务单位制定维修养护制度，坚持"经常养护、随时维修、养重于修、修重于抢"的基本原则开展维修养护工作，及时将水库工程的安全隐患消灭在萌芽状态，在进行维修养护之前严格落实安全技术交底工作。小型水库维修养护安全技术交底表见表4.2-9。

表 4.2-9　　　　　　　　　　小型水库维修养护安全技术交底表

安全技术交底内容
1. 维修养护人员必须按照规定正确使用个人防护用品，严禁赤脚和穿拖鞋、高跟鞋进入维修养护现场。
2. 维修现场禁止使用明火、吸烟，禁止追逐打闹，禁止酒后作业。
3. 现场的各种安全防护设施、安全标志等，未经批准严禁随意拆除和挪动。
4. 现场维修设施设备应遵守相关操作规程，先检查、后维护。
5. 维修养护人员进出场如自己驾驶交通工具的须注意驾驶安全。
6. 涉及用电线路改造的，由专业操作人员操作，非专业人员禁止操作。
7. 操作背式割草机需注意的安全事项：
（1）操作使用机械、设备前必须仔细阅读机械、设备操作手册、说明等，彻底熟悉操作要点和正确使用机械、设备，严格按照规定要求进行作业。
（2）严禁没有经过培训和没有穿戴防护用品的人员操作机械、设备，操作人员必须知道如何启停机械、设备引擎。
（3）必须穿着劳保鞋，佩戴劳保手套，必须佩戴符合安全规定的眼部、耳部、头部、腿部防护用具。
（4）防护衣服要求穿着合身的裤子、衬衫和紧身夹克，不要穿着有飘带、褶边或者有类似装饰的衣服，以防被机械、设备卷住或者被树枝挂住。不能系领带、穿宽松衣服，不能戴珠宝首饰，衣服、衣裤必须扣齐扣子或者拉好拉链，在特殊的情况下，必须佩戴将头和脸完全保护在内的整体式头盔。

续表

（5）禁止穿露脚趾的鞋子，禁止赤脚、赤腿操作机械、设备。

（6）在操作或启动机械、设备之前，必须仔细检查螺母、螺栓、螺钉及相关配件有无松动，连接件是否锁紧，配件有无缺失等，确保设备一切正常。

（7）必须由身心健康且具备一定机械操作能力的人员操作机械、设备，禁止酒后或生病的人及小孩和不熟悉机械、设备性能者操作。

（8）若机械、设备动力燃料为汽油等易挥发、易燃易爆物品时，添加动力燃料时必须停止机器运转，远离油库，禁止抽烟，周边不能有任何能产生火花的东西。

（9）确保其他人不在危险区域内方可启动。

（10）启动时远离障碍物体 1m 确保有足够安全距离才可启动，启动时需抓紧操作杆以免因振动而失去控制造成伤害。

8. 采用履带式割草机割草需按照操作规程操作。

9. 在没有可靠安全防护设施的高处（2m 及以上）施工时，必须系好合格的安全带，安全带要系挂牢固，高挂低用，同时高处作业不得穿硬底和带钉易滑的鞋，应穿防滑胶鞋。

10. 操作高压清洗机需注意的安全事项：

（1）操作使用机械、设备前必须仔细阅读机械、设备操作手册、说明等，彻底熟悉操作要点并正确使用机械、设备，严格按照规定要求进行作业。

（2）在使用超高压清洗机时，要认真检查机器结构及其安全保护装置，确保各部件无损坏，各连接管路连接可靠，各项指标均符合标准，防止事故发生。

（3）使用高压清洗机前，必须穿戴好防护用品（含护目镜、防护衣、手套、面具等）。

（4）在使用超高压清洗机时，应注意安全操作，禁止操作者接触水喷射部位，不要靠近水喷射部位，以防受伤或出现其他意外事故。

（5）严禁将清洗喷枪指向人、动物、电器设备、精密机械。

（6）严禁使用高压清洗机进行冲洗衣物、鞋、交通工具等与工作内容无关的操作。

（7）高压清洗机严禁离人使用，避免设备处于无人监控状态。

（8）严禁将清洗喷枪指向有害物质，避免有害物质飞溅伤人。

（9）使用高压清洗机时必须确保地面平坦，防止不正确的移动、高压清洗机翻倒以及高压清洗机伤人，同时必须确保旋转轮闸已被刹住。

（10）使用高压清洗机时双手必须紧握高压清洗枪，防止扣动清洗喷枪扣机和冲洗时，高压反冲力导致的清洗喷枪脱手或清洗喷枪失控等不安全情况的发生。

（11）当扣动清洗喷枪扣机无水喷出时，严禁人员凑近清洗喷枪进行处理。

（12）高压清洗机压力设定或调整时必须在释放清洗喷枪扣机后缓慢逐步进行。

（13）作业时必须保证有 2 人以上的操作者。

记录人：

维修养护范围	大坝、溢洪道、输水隧洞	
交底人	交底时间	
被交底人（签名）		

图 4.2-12　维修养护前安全技术交底现场

维修养护前安全技术交底现场如图 4.2-12。

（2）汛期防汛备汛工作。

1）项目部应根据审批的汛限水位进行库水位的管理，每座水库均应做好特征水位标识，严禁违规超汛限水位运行。

2）项目部应严格贯彻"安全第一、常备不懈、讲究实效、定额储备"的原则，储备必要的防汛物资。防汛物资可采取自储、委托代储、社会号料等方式储备，其中采取委托代储的，应与代储单位签订代储协议，明确代储物资的种类、数量及调运等内容。防汛物资管理人员要了解防汛抢险物资性能，注意防汛抢险物资的日常化维护与保养，保证防汛抢险物资完好无损，对防汛抢险物资进行定期盘点，做到心中有数，规范防汛抢险物资出入库登记手续，健全防汛抢险物资台账和管理档案，做到"实物、台账"相符。防汛抢险储备物资属专项储备物资，必须"专物专用"，未经水库主管部门批准同意，任何单位和个人不得擅自动用。

（3）项目部在进行水库现场检查、养护和使用机械设备时，应严格遵守操作规程，并注意以下事项：

1）在输水隧洞等部位进行维修工作时，要认真检查通风、排气、照明等安全设备是否齐备良好，若是输水隧洞断面较小，又长时间未放水，进洞工作前，要求先放水冲洗。

2）加强水库库区水面管理，协助水库管理单位制止、劝退水库管理范围内游泳、垂钓等不安全行为。

3）加强安全生产教育和培训，规范安全生产档案管理；定期召开安全例会、开展安全检查，消除安全隐患，建立安全生产活动台账，一般包括安全生产会议、安全学习、安全检查、安全培训等。

4）发生事故后，项目部应迅速采取有效措施组织抢救，防止事故扩大，并及时向水库主管部门如实汇报。

4.2.3.3 安全管理应急预案

水库大坝安全管理应急预案是避免或减少水库大坝发生突发事件可能造成生命和财产损失而预先制定的方案，是提高社会、公众及大坝运行管理单位应对突发事件能力、降低大坝风险的重要非工程措施，每座水库都应编制应急预案。

1. 应急预案相关要求

应急预案的编制应由水库管理单位或其主管部门、水库产权单位组织，并应履行相应的审批和备案手续。水库大坝安全管理应急预案编制单位及报送流程分别如图4.2-13和图4.2-14所示。

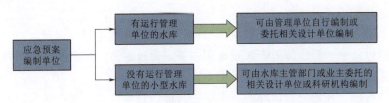

图4.2-13　水库大坝安全管理应急预案编制单位

2. 应急预案编制

按照"水库保姆"管护模式的内容，应急预案作为安全管理工作的重要组成部分，应由水库物业化管理服务单位组织专业技术人员按照《水库大坝安全管理应急预案编制导则》（SL/Z 720—2015）编写水库大坝安全管理应急预案，应针对水库情况和对下游的影响，分析可能发生的突发事件及其后果，制定应对对策，明确应急职责，预设处置方案，落实保障措施。预案编制内容包括：预案版本号与发放对象，编制说明，突发事件及其后果分析，应急组织体系，运行机制，应急保障宣传、培训与演练，附表、附图等。专业技术人员应重点编制"三图一表"。为了方便宣传、演练和使用，水库物业化管理服务单位应在水库现场合适的位置将大坝溃坝洪水淹没范围图以及人员转移路线图进行张贴公示。

（1）应急预案编制过程。

1）分别由水库物业化管理服务单位和项目部专业技术人员组成大坝安全管理应急预案工作组。

2）收集水库基础资料数据及各部门资料。

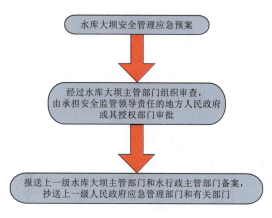

图 4.2-14 水库大坝安全管理应急预案报送流程图

3）各专业技术人员按照《水库大坝安全管理应急预案编制导则》（SL/Z 720—2015）集中讨论，确定各自分工，确定报告编写人员、洪水模拟分析人员、水利模型软件计算人员、绘图人员（绘制溃坝淹没范围图、人员转移路线图）、文本汇总人员等。

4）编制完成应急预案报告、附图、附表后进行各专业的校核，形成终稿。

5）按照水利主管部门的要求报送成果进行审查、审批与备案工作。

6）为了方便宣传、演练和使用，项目部按照审定的预案内容制作相应的标识牌，将大坝溃坝洪水淹没范围图以及人员转移路线图在大坝醒目位置进行公示，提高管理人员的水库应急管理能力。

7）水库物业化管理服务单位专业技术人员将成果数据上传水库运行管理平台进行溃坝模拟动画演示，更加形象生动地掌握水库溃坝发生的机理及进程。

溃坝洪水分析计算及模拟成果分别如图 4.2-15 和图 4.2-16 所示。溃坝洪水仿真模拟如图 4.2-17 所示。

（2）应急预案培训及演练。

水库物业化管理服务单位应积极参加培训、演练，并做好相关记录。应急预案演练的形式包括专题讨论会、操作演习、大规模演习等，通过宣传、培训及演练，使有关部门和人员熟练掌握预案内容、提高预案实施能力。

（3）应急响应。在遇突发情况时，水库主管部门启动应急处置，水库物业化管理服务单位按照应急预案运行流程图配合水库主管部门开展响应处置工作，应急预案运行流程示意如图 4.2-18 所示。

4.2.4 信息化管理

小型水库的信息化管理是指通过现代信息技术手段，对水库的运行、管理、监测和维护进行系统化的管理，以提高管理效率、保障水库安全、优化资源利用和提升决策科学性。根据加快构建现代化水库运行管理矩阵的要求，以及物联网、大数据、遥感、人工智能识别、第 5 代移动通信技术（5th generation mobile communication technology，5G）

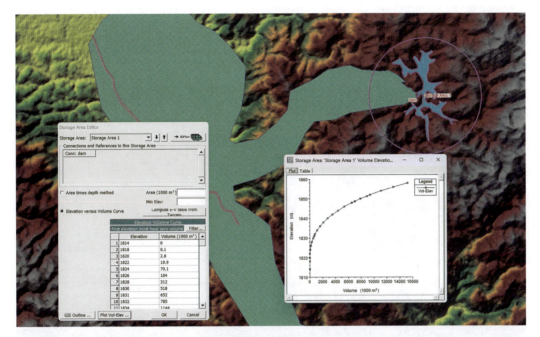

图 4.2-15 溃坝洪水分析计算

图 4.2-16 溃坝洪水模拟成果

等先进信息技术在智慧水利的广泛应用，构建小型水库信息化平台，以软硬件基础设施、网络安全、云存储等运行保障环境为基础，围绕信息采集、数据服务和业务应用开展建设。依托信息技术构建监管体系和小型水库工程运行管理体系，转变小型水库工程日常管理模式，实现视频可控、巡查留痕、工程上图、数据入库、动态分析研判小型水库安全状况和预测预警等，实现小型水库工程运行管理全过程实时动态监管，不断提升小型水库专业化管护和标准化管理水平，保障小型水库工程安全、规范、专业运行。

图 4.2-17　溃坝洪水仿真模拟

云南省在水利系统注册的小型水库有 7111 座，其分布特点是点多、线长、面广，存在管护难度大的问题。加之多年来云南省水利信息化建设滞后，管理人员缺乏先进的管理理念和先进的管理工具，仍然沿用陈旧的管理思想和模式开展水利工程建设管理工作，资料管理大多还停留在传统的纸质档案管理水平，没有形成一个系统的信息化资料管理平台，导致水利工程自身的价值无法高效发挥。因此，通过打造"水库智慧保姆"，搭建"地形＋建筑物"的工程数据化模型，构建三维可视化展示平台，实时展示水库的位置和状态、建筑物的运行情况，辅助管理者从宏观到微观多维度掌控水库运行状态，并进行科学决策。

4.2.4.1　一般规定

（1）小型水库运行管理平台主要实现雨水情测报、大坝安全监测和工程视频监视的数据汇集与应用，为相关业务系统提供数据共享。

（2）通过小型水库运行管理平台实现巡查水库打卡轨迹化、事件上报工单化、雨水情和安全监测自动化预警、维修养护考核数据化、水库资料档案全部电子化，进一步提升水库运行管理整体水平。

（3）小型水库运行管理平台应具有智能感知数据接收处理和展示应用等基本功能；应实现先进性与适用性并重，可靠性与实用性、开放性与可扩展性结合。

（4）小型水库运行管理平台应充分利用现代信息技术，采用无人机巡查、无人机测绘

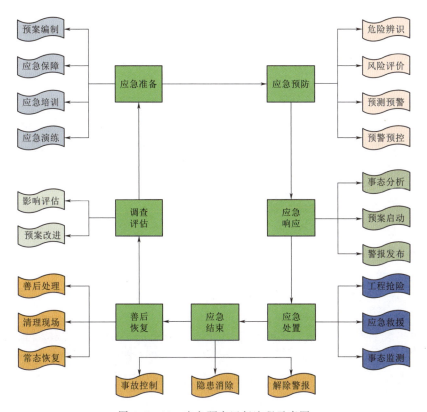

图 4.2-18 应急预案运行流程示意图

建模、三维可视化展示平台等方式实施数字水库建设，为小型水库日常运行管理和应急抢险提供大数据支撑。

（5）小型水库运行管理平台应采用安全可靠、技术成熟的数据库管理系统进行数据的存储管理，采取安全认证、信道加密、加密存储等安全措施，加强预警通报和防护处置，保障系统安全和信息安全。

4.2.4.2 数据库

数据库的建立，不仅为数据的集中存储提供了便利，更使得数据的查询、分析变得简单快捷。管理人员可以通过数据库系统，随时了解水库的水位变化情况、水流量的实时数据、水质的波动趋势等关键信息。这些数据的可视化展示，更直观地揭示了水库的运行规律，帮助管理人员及时发现潜在问题，作出迅速响应。

（1）小型水库运行管理平台数据库应存储水库雨水情信息、大坝安全监测信息、视频图像信息和监测点信息，以及运维基本信息等。

（2）小型水库基础信息应包括水库名称、所在地、工程规模、流域、河流、经纬度、特征水位、总库容、最大坝高、坝顶高程、注册登记号等。

（3）大坝安全监测信息应包括巡视检查信息、表面垂直位移监测基点、表面垂直位移测点、表面垂直位移，表面水平位移监测基点、表面水平位移测点、表面水平位移、渗流压力测点、渗流压力水位、测压管、测压管水位，渗流量测点、渗流量信息等。

（4）视频图像信息应包括视频图像监视点、视频图像信息等。

（5）小型水库运行管理平台数据库应与运用调度相结合，可以根据实时的水位、流量等数据，优化水库的调度策略，实现水资源的合理分配和高效利用。

4.2.4.3 平台功能

1. 平台登录

由于外网地区与省水利设计院不在一个局域网，因此外网地区需要采用虚拟专用网络（virtual private network，VPN）方式接入后才能访问云南省数字孪生水库运行管理平台。

（1）VPN 连接步骤如下：

1）确保计算机能正常连接互联网。

2）在浏览器（推荐使用 Edge 浏览器）地址栏打开：https：//vpn.ynwdi.com：4432，第一次使用会提示下载安装 EasyConnect 客户端软件。

3）EasyConnect 安装完成后，在桌面打开 EasyConnect 软件，输入服务器地址 https：//vpn.ynwdi.com：4432，点击"连接"，在"用户名""密码"界面，输入自己的 VPN 账户名及密码；登录成功后，VPN 显示已连接成功。

（2）访问数字孪生平台。重新打开浏览器，在地址栏输入系统访问地址 http：//my.ynwdi.com：9001/DigitalTwin，即可进入云南省数字孪生水库运行管理平台，水库物业化管理服务单位运用账号密码进行登录，平台登录界面的左下角为"水库保姆"App 下载二维码（图 4.2-19）。

图 4.2-19 平台登录界面

2. 智慧大屏

采用 GIS 技术，在同一张电子地图上，方便用户以所见即所得的方式直观地查看所有信息，包括水库分类统计、大坝安全鉴定动态、责任人落实动态、水库当日巡查动态、水库预警动态、日常巡查图片动态、水库巡查趋势、重点环节落实动态、库容统计、责任人落实动态、水库索引、功能栏、卫星地图等。信息的展示形式主要是建筑物、监测点位等要素的叠加展示，以及监测数据等内容统一形成的表格数据等。同时，能提供按不同类型监测点位的分类检索功能以及实时监测功能、预警提示功能等。

（1）三维地形建模。利用无人机航测图级数据生成数字高程模型（digital elevation model，DEM）、数字正摄影像（digital orthophoto map，DOM）。数据生产后，在场景构建工具中首先将 DEM 加入场景中，设置 DEM 分辨率；然后，将遥感影像加入场景。

（2）三维场景集成。利用数字高程模型、数字正摄影像合成水库三维地形场景，导入三维建筑模型，建立真实的数字水库三维场景。在此基础上叠加显示工程地理数据，如监测站点分布图、建筑物分布图，搭建数字三维基础地理数据模型。

（3）系统功能。基于三维地理信息系统平台，实现水库三维场景的浏览及工程资料的综合查询显示；集成视频监控信息、安全监测数据、雨水情监测数据，实时显示工程运行状态，着力打造水利"一张图"。水库三维实景建模如图 4.2-20 所示。

图 4.2-20　水库三维实景建模

3. 信息管理

工程信息管理模块中的小型水库基础信息，主要用于管理和记录水库注册信息、工程特性、安全管理、档案管理、工程图件图像、水位-库容曲线等水库相关数据信息。平台管理人员将所有的水库工程信息录入平台，实现基础信息电子化。

4. 安全管理

安全管理模块包含安全生产信息，包括水库调度规程、水库大坝安全管理（防汛）应急预案、安全度汛"三个责任人"、大坝安全管理责任人、最近一次水库安全鉴定、除险加固等信息。

在水库大坝安全管理（防汛）应急预案中，针对小型水库因遭遇超标准洪水导致的漫顶甚至溃坝等突发事件，绘制溃坝洪水淹没范围及人员转移路线图，同时将成果数据上传水库运行管理平台进行溃坝模拟动画演示（图4.2-21），加强水库应急管理能力。

图 4.2-21　溃坝模拟演示

5. 巡视检查

巡视检查模块包含日常巡查、问题处置、防汛检查等信息；配套开发"水库保姆"App，并通过平台实行巡视检查打卡轨迹化、巡查情况及时上报信息化，实现透明高效的日常巡查管护。

（1）日常巡查。由水库物业化管理服务单位巡查人员通过"水库保姆"App按照制定的水库巡查路线图进行11个点位的巡查，并分别拍摄巡查照片后上传至水库运行管理平台，再由平台管理人员在后台进行查看统计。

（2）问题处置。巡视检查中，如果发现小型水库存在安全隐患，巡查人员可通过"水库保姆"App拍摄图片或录制语音上报问题，平台管理人员及时进行处置解决。

（3）防汛检查。水库物业化管理服务单位配合水库主管部门在汛前、汛中、汛后开展的现场防汛检查记录表应及时上传至水库运行管理平台备查。防汛检查记录表示例如图4.2-22所示。

防汛检查详情 ×

水库编码：530927000041　　　　　　水库名称：岔箐水库

检查时间：2024-08-02　　　　　　检查人员姓名：宇国亮

校核人员姓名：陆正彬　　　　　　审核人员姓名：刘飞

附件：岔箐8.2.pdf

	检查项目	检查内容	检查结果	备注
工程设施检查	日常巡查中遗留问题	问题整改是否已完成，未整改的是否有措施计划	是	
	坝顶	坝顶是否顺直、平整、完好、畅通	是	
	坝坡	坡面是否平整完好，砌石或混凝土结构平整紧密，草皮完好，无杂草垃圾	是	
	岸坡	岸坡及山体是否存在裂缝、冲淘、塌方、滑坡的现象	否	不存在
	排水体（沟）	排水体（沟）块石完整，无杂草、泥土，无淤塞、损坏，排水畅通	是	
	溢洪道	溢洪道是否通畅、无杂物	是	
	涵管	涵管是否开启正常，有无堵塞	是	
	工程观测设施	工程观测设施是否完好	是	
	管理设施	观测设施、标识标牌、管理用房、物资仓库是否完好、能否正常使用	是	
	管理和保护范围	有无危害水库安全的活动，有无垃圾杂草	否	无
非工程措施	防汛组织体系	防汛机构是否健全，防汛人员是否落实	是	
	通信及报汛情况	检查与防汛主管部门联络方式和报汛是否明确	是	
	水库调度规程	方案是否编制并报批，各项措施是否落实到位	是	
	防洪抢险应急预	方案是否编制并报批，各岗位负责人、防汛抢险队伍是否落实到位	是	
运行记录检查	水位、渗流量等观测记录	是否按规定频次、格式记录，是否校核、签名	是	
	汛期巡查	汛期巡查记录是否满足要求	是	
	操作运行	是否执行调度指令，是否记录及签名	是	
	汛期值班记录	是否按规定频次、是否校核、签名	是	

图4.2-22　防汛检查记录表示例

6. 安全监测

安全监测模块包括视频监控/视频融合和雨水情信息，可对各建筑物的运行状态进行实时监测,并对历史监测资料进行整编计算、定量分析、比较判断和综合统计,实现从监测数据到监测断面、监测部位的异常告警。水库物业化管理服务单位配合相关水行政主管部门或第三方技术部门,接入水库自动观测设施,实现雨水情和安全监测自动化,实时把控水库整体运行状态。

(1)视频监控/视频融合。主要基于电子地图技术、流媒体网页技术等,实现监视站点的图像展示、查询和控制及多摄像头视频融合。

(2)雨水情监测。雨水情监测主要包括库水位、雨量以及设备状态等各种状态值、告警值的采集与处理,能够实现各类采集数据的实时监测、水位-流量曲线管理等功能。

1)实时监测:各类采集数据的实时监测功能,流量数据实时计算监测功能,以及实时告警信息、故障信息推送功能。

2)数据采集与处理:主要包括流速、水位以及设备状态等各种状态值、告警值的采集与处理,流量统计功能、水位流量曲线管理等。

3)历史数据查询:支持所有采集数据的分类查询,如按年-月-日等的查询。

4)信息频次:信息上报频次可根据需要在 1 分钟到 24 小时内灵活进行设置。

7. 运行管理

运行维护管理模块主要实现年度维修养护、日常维修养护、防汛值班查询、工程管理考核、运行检查等功能,使工程具备较强的突发事件响应能力和较高的运行维护管理水平,保障整个工程安全运行,为工程安全运行提供网络化和可视化的工程基础信息及管理维护综合信息服务,为工程运用调度决策提供支持。日常维修养护记录示例如图 4.2-23 所示。

8. 告警管理

通过设置监测预警参数,对超阈值的监测项及水库动态进行预警、分析诊断等。当水位监测设备捕捉到水位超过预设的汛限水位时,或者当视频监控设备发现任何可疑情况时,预警机制便会立即启动,自动发出警报,通过声音、光线等多种方式迅速将警报信息传递给平台管理人员,平台管理人员作出相应的处理。

9. 信息动态更新

水库物业化管理服务单位应加强对平台数据的更新维护,确保数据的完整性、及时性和准确性。例如,水库大坝安全责任人,安全鉴定状态、安全鉴定结论、病险水库状态、除险加固进展、控制运行方案(计划)、限制运行措施等,这些随着时间发展而容易发生改变的数据,应及时在小型水库运行管理平台中更新。

10. 信息安全

信息安全主要依靠省水利设计院现有机房资源,保证信息的保密性、完整性、真实性、占有性。网络安全应具备身份认证、数据加密、访问控制等措施。区域边界安全应具有边界访问控制、边界完整性检测、边界入侵防范以及边界安全审计、边界恶意代码防范等内容。

4.2.4.4 自动化监测预警

(1)水库物业化管理服务单位将雨水情、安全监测、视频监控等监测监控设备采集的数据上传至小型水库运行管理平台,并应用监测监控数据,建立科学、高效的工程在线管

维修养护详情   ✕

水库编码：530126000046   水库名称：**大矣马伴水库**

开工日期：2023-07-09   完工日期：2023-07-15

维修养护实施内容：**上游坝坡除草及围墙大门及启闭机闸阀维护**

实施前对比图片	实施中对比图片	实施后对比图片	实施内容	养护项目	单价/元	工程量
				启闭机刷漆		1台
			上游坝坡除草	上游坝坡除草		6884.4㎡
			围栏刷漆	交通桥栏杆刷漆		18m
			管理房外大门维护刷漆			1
			闸阀刷漆维护			1

图 4.2-23 日常维修养护记录示例

理模式。

（2）小型水库运行管理平台对监测指标设置报警阈值，提供监控数据异常分析及提醒功能。当出现数据异常时，平台将自动分析、判断异常情况的真实性，并及时提醒管理人员采取措施，记录处理过程，初步分析原因。

（3）分级预警设置不同级别的预警及不同人员级别预警。监控与预警管理是信息化管理的核心环节，为了实现对水库状态的实时、全面掌握，通过引入多种先进的技术设备，搭建起一套完善的监控系统。

（4）通过小型水库运行管理平台对巡查人员进行严格的培训和考核，只有通过培训并熟练掌握各种设备的操作技能和管理知识的人员，才能上岗操作。

（5）建立完善的信息共享机制。将所有与水库运行相关的数据信息实时上传到小型水库运行管理平台上，管理人员可通过平台查看各种数据图表和分析报告，大大提高了管理人员的工作效率，还能够更加准确地把握水库的运行状况，作出更加科学合理的决策。

4.2.4.5 智能感知系统

（1）水库物业化管理服务单位配合相关水行政主管部门或第三方技术部门，接入水库自动观测设施，包括雨水情设施、水库安全监测设施、视频监控设施等。通过先进的传感器技术、自动化监测设备，能够实时获取水库的各项数据，确保信息的及时性和准确性。

（2）水库物业化管理服务单位将水库关键信息接入信息化平台，实现雨水情和安全监测自动化和动态管理，实时把控水库整体运行状态。当监测监控数据出现异常时，能够自动识别险情，及时预报预警。

（3）智能感知数据均应上传至小型水库运行管理平台。

（4）小型水库日常管理上报的信息化数据包括水库基本信息、主要数据特征、档案资料等静态数据和防汛"三个责任人"、调度方案、应急预案、监控监测数据、巡查数据、工程险情等动态数据。

（5）水库物业化管理服务单位应定期对感知数据进行分析，发现异常变化时，应组织专业技术人员或委托有资质单位查明原因，及时采取有效应对措施。

4.2.4.6 数字水库建设

（1）水库物业化管理服务单位应充分利用现代信息技术，逐步建立数字水库，如采用无人机巡查、无人机测绘建模、三维可视化展示平台等方式实施数字水库建设，为小型水库日常运行管理和应急抢险提供大数据支撑。

（2）水库物业化管理服务单位应将小型水库的主要工程特征数据（包括工程坝高、总库容及各种特征水位和特征库容，溢洪道、输水建筑物信息，水文信息、工程效益、安全鉴定及除险加固情况等）录入工程基础数据库，并及时更新数据。

（3）水库物业化管理服务单位应结合小型水库大坝定期安全鉴定等工作，利用 BIM（building information modeling，建筑信息模型）＋GIS 技术，搭建"地形＋建筑物"的工程数据化模型，将工程地质勘察资料、水工建筑物图纸、地形测量等资料文档电子化（PDF 文件、图片等），并导入工程基础数据库。

（4）水库物业化管理服务单位开展相关观测及技术资料收集、整编、汇总、分析及归档工作，及时录入并核查巡查信息、防汛值班信息、维修养护信息等作为电子档案，实行基础信息电子化，并向相关水行政主管部门公开信息，便于监管机构随时监管。

（5）水库物业化管理服务单位运用手机巡查 App，并通过平台实行巡视检查打卡轨迹化、巡查情况及时上报信息化，实现透明高效的日常巡查管护。

（6）水库物业化管理服务单位应结合十项管护工作内容及实际需求，及时向平台开发部门反馈，不断完善平台模块和手机 App 功能，以便更好地服务于小型水库信息化管理。

4.2.4.7 网络安全管理

建立健全信息化平台网络安全管理体系，强化组织领导，增强网络安全意识，按照"谁主管谁负责、谁运维谁负责、谁使用谁负责"的原则，制定网络安全管理制度，明确信息化平台的主管单位、运维单位、使用单位的职责分工和管理要求。

（1）制定信息化平台网络安全制度。

（2）根据信息化系统等级保护、网络安全及运维保障需求，构建系统网络架构，按照系统重要程度实行分区分级管理，对设备自动控制系统应进行物理隔离。水库运行管理平台与互联网边界应设置防火墙、入侵防御系统、防病毒网关等多重网络安全设备，确保网络边界安全。

（3）明确网络安全管理部门和安全管理负责人，定期组织网络安全教育培训，制定网络安全应急预案，开展网络安全攻防演练。

（4）委托有资质的专业单位承担网络安全维保、业务培训等服务，保持网络安全管理工作常态化。

（5）根据《中华人民共和国网络安全法》、《信息安全等级保护管理办法》、《信息安全技术　网络安全等级保护定级指南》（GB/T 22240—2020）、《信息安全技术网络安全等级保护基本要求》等，积极开展信息化系统安全检测认证、安全等级保护测评工作。

4.2.5　档案管理

随着信息化技术在水库运行管理中的应用，档案管理逐渐向电子化、数据化转型。这种转变不仅提升了管理效率，也增强了水库运行管理的整体效能。电子化、数据化的档案管理使得信息录入、存储、检索更加便捷，确保了信息的准确性、完整性和可追溯性。同时，它促进了信息的即时共享与协同办公，使不同的部门能够无缝对接，共同推动管理改进。此外，通过数据分析与挖掘，能为水库的决策、风险防控和绩效评估提供有力支持。智能化技术的应用进一步减轻了管理人员的工作负担，提高了工作效率，满足了不同层次的信息需求。

4.2.5.1　一般规定

（1）按照《水利档案工作规定》《水利科学技术档案管理规定》等相关规定开展档案管理工作。

（2）健全档案管理，包括物业管理工作过程中形成的文件和具有参考价值的各类资料、原始记录、各种图表簿册、照片以及与本单位相关的上级事文等档案，要求齐全完整地收集、整理、立卷和保管，落实档案收集、管理的责任人，以及档案资料的保管、查阅及保密等方面的要求。

（3）配备档案管理人员。档案管理应配备兼职管理人员，明确管理人员职责与要求。

（4）设置专用档案柜，做好档案资料除尘防腐、虫霉防治、防火防盗、照明管理等工作。

（5）合同期内，应根据合同约定开展定期和临时档案移交工作。合同期满后，档案资料应全部移交给购买主体。

（6）每项工作结束后，档案管理人员应及时将归档文件资料收集齐全，核对准确，整编归档。日常巡查形成巡查日志，每年成册一本；日常维修形成维修记录，每年成册一本；年度形成总结工作报告，一库一册。

4.2.5.2　归档要求

（1）根据水库实际情况，物业化管理档案按照类别、内容的不同进行分类收集、整理和归档。小型水库物业化管理档案清单见表4.2-10。

表 4.2 - 10　　　　　　　　　　　小型水库物业化管理档案清单

档案编号	档案盒名称	档 案 盒 内 容	装订要求
A01	工程基础资料	工程简介、安全鉴定结论、除险加固报告	按年分册整编
A02	制度汇编	制度、操作规程	
A03	人员档案	人员信息表、劳务协议、驻勤考勤表、注册证书复印件	每人一套资料
A04	合同与协议	现场项目部签订的各项协议	按年分册整编
A05	日常往来文件	上级通知、水库物业化管理服务单位通知、会议纪要、请示、汇报、工作函等	按年分册整编
A06	巡视检查	水库巡视检查记录表、月度汇总表、季度汇总表、年度汇总表	按月整理、季度汇总、年度成册、一库一册
A07	维修养护	小型水库维修养护记录表、月度汇总表、季度汇总表、年度汇总表	按月整理、季度汇总、年度成册、一库一册
A08	值班值守	值班值守记录	按月整理、季度汇总、年度成册、一库一册
A09	运行操作与调度	调度指令、运行操作记录表	按月整理、季度汇总、年度成册、一库一册
A10	安全监测	库水位观测记录、沉降位移观测记录、渗流量观测记录、雨水情观测记录（如有雨水情观测设施）	按月整理、季度汇总、年度成册、一库一册
A11	蚁害防治	蚁害检查表、防治记录表	按月整理、季度汇总、年度成册、一库一册
A12	应急管理	应急预案、批复文件、防汛物资清单、应急演练资料含通知、签到表、课件、总结（附图片）	按年分册整编，应急预案及批复、一库一册
A13	安全管理	安全生产制度、安全生产会议资料、安全生产责任书、劳动防护用品发放记录、危险源辨识资料、安全生产隐患预警资料（隐患排查、整改）、安全生产事故处置资料（调查报告、处置报告）、安全技术交底、安全生产应急演练	按年分册整编
A14	检查与考核	上级检查通知、整改意见、整改报告、月度、季度、年度考核表、自评表	按月整理、季度汇总、年度成册
A15	会议与培训	会议通知、签到表、会议纪要、培训资料含通知、签到表、课件、总结（附图片）	按年分册整编
A16	工作报告与大事记	物业化管理工作报告、大事记	按年分册整编

　　（2）档案的日常管理工作应规范、有序，为了便于保管和利用档案，对档案柜统一编号，编号一律从左到右，从上到下，做好档案的收进、移出、利用等日常的登记与统计工作。

　　（3）归档的文件材料应字迹清晰、耐久、签署完备，不得采用铅笔、圆珠笔和复写纸书写。

　　（4）档案资料整编应做到分类清楚、存放有序、方便使用。

4.2.5.3 档案电子化管理

1. 建立小型水库运行管理平台

利用省水利设计院自主研发的水库运行管理平台，打造"水库智慧管家"，建立县级小型水库运行管理平台。该平台开发了档案管理模块，具备档案电子化录入、储存、管理和查阅等功能，通过信息化手段提高了档案管理水平，档案实施"一库一册"管理。水库运行管理平台的档案管理模块示例如图4.2-24所示。

图 4.2-24 档案管理模块示例

2. 实现档案电子化管理

每项工作结束后，档案管理人员应及时将各类文件、资料和数据上传至水库运行管理平台，实现纸质档案资料电子化管理。

（1）水库注册资料的录入。水库注册资料包括水库名称、水库编码、注册登记号、注册日期等信息，将水库注册资料录入水库运行管理平台，并上传注册登记申报表。

（2）工程特性信息录入。工程特性信息包括基本信息（含水库名称、工程规模、管理单位、所在流域及水库概况等）、工程建设信息（含开工日期、竣工日期、工程类别、工程类别等）、水文特征信息、水库特征信息、工程效益、工程管理、工程运用及大坝等。

（3）安全管理信息录入。安全管理信息包括大坝安全鉴定（含安全评测文件和安全鉴定文件上传）、调度规程（含水库调度运用方案和调度计划批复文件上传）、应急预案（含防洪应急预案和批复文件上传）、安全管理责任人、安全度汛责任人和除险加固等内容。

（4）工程图件图像录入。工程图件图像包括水库编码、水库名称、图像名称、附件等信息。

（5）巡视检查信息录入。

1）日常巡视检查。巡查信息录入是由巡查人员使用"水库保姆"App 开展巡视检查拍照，并提交上传至水库运行管理平台，通过平台能及时展现巡查记录信息。日常巡查照片上传示例如图 4.2 - 25 所示。

图 4.2 - 25　日常巡查照片
上传示例

2）防汛检查。现场项目部根据防汛检查的要求，每年汛前、汛中和汛后分别开展一次防汛检查工作，并仔细填写防汛检查记录表，同时将记录表上传至水库运行管理平台。

（6）水位-库容关系曲线录入。根据设计资料，将水位-库容关系数据录入水库运行管理平台，绘制水位-库容关系曲线。

（7）日常维修养护信息录入。维修养护完成后及时填写记录，并收集实施前、实施后照片，同时将维修养护信息及记录表上传至水库运行管理平台。日常维修养护信息录入示例如图 4.2 - 26 所示。

水库编码	HP0015305240000870						
水库名称	芭蕉林水库						
维修养护实施内容	前后坝坡杂草清理溢洪道清理						
开工时间	2024-07-05						
完工日期	2024-07-11						

添加一行

实施前对比图片	实施中对比图片	实施后对比图片	实施内容	养护项目	单价/元	工程量	操作
图片		图片	溢洪道清理	溢洪道淤积清理	50	16m³	删除
图片		图片	后坝坡杂草清理	下游坝坡除草	0.5	852m²	删除
图片		图片	前坝坡杂草清理	上游坝坡除草	0.6	396m²	删除

图 4.2 - 26　日常维修养护信息录入示例

（8）防汛值班信息录入。每次值班完成后，平台管理人员及时将值班的信息录入水库运行管理平台，包括值班日期、值班人、值班人电话、天气、温度、库水位、带班领导及值班记录情况等内容。值班信息录入示例如图 4.2-27 所示。

图 4.2-27　值班信息录入示例

（9）运行检查信息录入。水库运行检查完成后，平台管理人员及时将检查信息录入水库运行管理平台。运行检查信息录入示例如图 4.2-28 所示。

4.2.6　标准化管理

4.2.6.1　小型水库标准化管理概述

1. 小型水库标准化管理总体目标

水利部要求 2025—2030 年小型水库需要实现标准化管理，2024 年云南省水利厅发布《关于印发〈云南省小型水库工程标准化管理评价实施细则（试行）〉的通知》（云水工管〔2024〕3 号）（简称《通知》），要求各地按照《通知》要求积极推进小型水库标准化的建设。水库物业化管理服务单位在管理水库的过程中按照《小型水库工程标准化管理评价标准》的要求，将其管理的水库逐步实现标准化。

2. 推行小型水库标准化管理的意义

随着社会经济水平的不断提高，水资源综合效益日趋显现，社会对水库管理的要求也在不断提高，其中安全是重中之重，规范化管理、实现水库管理标准化则是确保水库安全运行，实现水库社会价值的唯一有效手段。实现标准化，并不是要让水利工程管理工作僵死或"睡大觉"，而是要让水库工程管理工作在规定框架内恰如其分地、更好地发挥作用。而标准化的保护即通过标准化、规范化，明晰水利工程管理的目标、流程和内容，做到工

图 4.2-28 运行检查信息录入示例

作有据可依，心中有数，减少盲目性，避免过失，对水库管理单位和人员也是一种保护。

相比工程建设具有的一次性特点，工程运行管理具有长期性、持续性的特点。维持工程完整，保持工程设计功能，不断改善工程面貌，确保工程安全运用，充分发挥工程综合效益，不断提高现代化水平，这是水利工程管理单位的基本任务。因此，水利工程管理单位要落实管理主体责任，执行水利工程运行管理制度和标准，充分利用信息平台和管理工具，规范管理行为，提高管理能力，从工程状况、安全管理、运行管护管理保障和信息化建设等方面，实现水利工程全过程标准化管理。

4.2.6.2 实现小型水库标准化管理的路径

1. "四个落实"

（1）落实健全明晰的管理责任制，各单位的职能职责明确，"三个责任人"落实且履职到位。

（2）落实稳定的经费保障。

（3）落实稳定的专业管护人员（采取购买式服务，开展专业化管护模式）。

（4）落实界定清晰的管理保护范围（主管部门开展划界及界桩的埋设工作）。

2. "三个规范"

（1）制定规范化且健全的管理制度。

（2）配置规范的管理设施（必要的管理房、两种以上的通信设施、便利的防汛道路）。

（3）制作规范的标识标牌（水库简介、"三个责任人"公示、巡查路线图、管理保护范围公示、溃坝淹没范围图以及警示类公示，规格统一，内容齐全）。

3. "两个创新"

（1）现代化的管理手段，即雨水情监测系统、自动监测设施、信息化运行监管平台，以及手机端巡查 App 等信息化手段的应用。

（2）购买物业化管护模式服务，即购买专业化的物业化管理服务，实行管养分离，采用专业的维修养护队伍进行维修养护。

4. "一个美化"

水库大坝外观形象的美化，应做到坝容坝貌整洁美观、水质优良、环境优美。

4.2.6.3 小型水库标准化管理工作的任务与要求

1. 小型水库标准化管理工作的任务

小型水库标准化管理涵盖了水库运行管理的方方面面，从人员素质、岗位责任落实、管护经费落实、管理制度、划界权限、安全鉴定、档案管理等方面开展定性、定量评价，对促进水库物业化管理服务单位运行管理水平的提高，起着长期性、基础性的作用。水库物业化管理服务单位应参照《云南省小型水库工程标准化管理评价实施细则（试行）》，从工程状况、安全管理、运行管护、管理保障、信息化建设五个主要方面开展小型水库物业化管理，确保所管理水库基本达到标准化管理工程评价要求。标准化管理的主要工作任务包括：①工程检查（日常、定期、特别检查）；②维修养护[日常养护、维修及项目监督管理（管养分离）]；③工程监测（雨水情监测、工程监测）；④调度运用和操作运行（防洪、兴利等调度及闸门启闭机操作运行）；⑤安全保护（注册登记、安全鉴定、安全生产责任制、防汛及安全生产等）；⑥应急管理（防汛预案、安全管理预案、安全生产预案）；⑦管理设施完善与管理（雨水情及工程安全观测设施，管理范围和保护范围划界，防汛道路、通信、防汛备料、抢险设备等，办公、生产等管理用房，档案、标识标牌等）；⑧信息化建设（完善）与应用管理；⑨体制、机制、制度建立与完善等。

2. 小型水库标准化管理工作的要求

（1）熟悉小型水库标准化评价申报应具备的条件：①水库工程（包括新建、除险加固、更新改造等）通过竣工验收或完工验收投入运行，工程运行正常；②水库已按要求进行注册登记；③已按照规定完成安全鉴定，鉴定结果为二类坝以上（含二类坝）且主体工程运行安全；④水库调度方案（计划）和大坝安全管理应急预案经相应部门审批。

（2）熟悉评价等级。小型水库标准化管理评价实行千分制评分，依据《关于印发〈云南省小型水库工程标准化管理评价实施细则（试行）〉的通知》（云水工管〔2024〕3 号）中的附件 1《云南省小型水库工程标准化管理评价标准（试行）》对工程状况、安全管理、运行管护、管理保障、信息化建设五个方面进行评价，考核结果分为四个等级，分别为县级标准化管理工程、州（市）级标准化管理工程、省级标准化管理工程、部级标准化管理工程。小型水库标准化评价等级见表 4.2-11。

表 4.2-11　　　　　　　　　小型水库标准化评价等级

序号	评价等级	考核总分	备　注
1	县级标准化管理工程	600～700 分	除信息化建设外，其余 4 个类别评价得分不低于该类总分的 60%
2	州（市）级标准化管理工程	700～800 分	除信息化建设外，其余 4 个类别评价得分不低于该类总分的 70%
3	省级标准化管理工程	800～920 分	除信息化建设外，其余 4 个类别评价得分不低于该类总分的 80%
4	部级标准化管理工程	≥920 分	除信息化建设外，其余 4 个类别评价得分不低于该类总分的 85%

（3）熟悉掌握评级程序。标准化等级申报程序采取层层评级的方式开展，分为县级标准化评价、州（市）级标准化评价、省级标准化评价、部级标准化评级等层级。

（4）掌握各方的职责。实现标准化管理及通过标准化评价需要各个部门通力合作，履行好各自的职责，采取逐级评级上报的方式，省级、州（市）级、县级、物业化管理服务单位各层级部门履职，逐级实现标准化达标建设。

（5）熟悉标准化管理的具体内容。水库物业化管理服务单位要督促落实管理主体责任，执行水利工程运行管理制度和标准，充分利用信息平台和管理工具，规范管理行为，提高管理能力，从工程状况、安全管理、运行管护、管理保障和信息化建设等方面，将其管理的小型水库基本实现标准化管理。标准化管理的具体内容如下：

1）工程状况。工程现状达到设计标准，无安全隐患；主要建筑物和配套设施运行状态正常，运行参数满足现行规范要求；金属结构与机电设备运行正常、安全可靠；监测监控设施设置合理、完好有效，满足掌握工程安全状况需要；工程外观完好，管理范围环境整洁，标识标牌规范醒目。

2）安全管理。工程按规定注册登记，信息完善准确、更新及时（主管部门负责）；按规定开展安全鉴定，及时落实处理措施（主管部门负责）；工程管理与保护范围划定并公告，重要边界界桩和公告牌设置合理（主管部门负责），工程管理范围内 2018 年后无新增违章建筑和危害工程安全活动；安全管理责任制落实，岗位职责分工明确；防汛组织体系健全，应急预案完善可行，防汛物料管理规范，工程安全度汛措施落实。

3）运行管护。工程巡视检查、安全监测、操作运用、维修养护等管护工作制度齐全、行为规范、记录完整，关键制度、操作规程上墙明示；及时排查、治理工程隐患，实行台账闭环管理；调度运用规程和方案（计划）按程序报批并严格遵照实施。

4）管理保障。以政府购买方式实施小型水库物业化管理，完成小型水库体制改革，明确相关管护内容，管理体制顺畅；人员经费、维修养护经费落实到位，使用管理规范；规章制度满足管理需要并不断完善，内容完整、要求明确、执行严格；办公场所设施设备完善，档案资料管理有序。

5）信息化建设。建立工程管理信息化平台，工程基础信息、监测监控信息、管理信息等数据全面、更新及时；整合接入雨水情、安全监测监控等工程信息，实现在线监管和自动化控制，应用智能巡查设备"水库保姆"App。

4.2.6.4 小型水库管理标准化实施

1. 制定标准化管理工作实施方案

根据云南省水利厅的总体工作目标，按照因地制宜、循序渐进的工作思路，县级水行政主管部门制定本县（市、区）水利工程标准化管理工作实施方案，明确目标任务、实施计划和工作要求，落实保障措施，有计划、分步骤组织实施，统筹推进水利工程标准化管理工作。

2. 建立工程运行管理体制机制

县级水利部门积极探索将县（市、区）内的水库实行社会化管理，通过购买社会化管理模式，引进专业化管护企业"水库保姆"助力实现水库标准化管理。

3. 推进标准化管理的具体措施

推进标准化管理，需要理清管理事项、确定管理标准、规范管理程序、科学定岗定员、严格考核评价。标准化管理的"十化"内容如图4.2-29所示。

4. 实现水库标准化达标管理的步骤

（1）水库现场标准化达标建设。水库物业化管理服务单位应按照《云南省小型水库工程标准化管理评价标准（试行）》的要求，分别对工程状况、安全管理、运行管护、管理保障、信息化建设等内容，深入查找存在的问题和不足，按照要求提升水库的外观形象面貌；加强工程度汛管理和安全生产管理；规范工程检查监测、操作运用、维修养护等工作；加强工程安全监测和运行监控等信息化建设；强化人员、经费和制度保障，改善工作条件；按照水库物业化管理服务单位的"水库保姆"管护模式，制定标准化管理制度，编制标准化工作手册，对所管理的水库进行标准化达标建设。

1）水库选定要求。

a. 功能齐全。水库须具备完整的三大件，即大坝、溢洪道和放水设施，且这些设施应处于良好运行状态。此外，水库还需配备一定的信息化设备，用于监测水位、雨量等，以展示水库管理的现代化水平。同时，水库的整体样貌应较好，无明显破损或污染，能够体现良好的管理维护效果（图4.2-30）。

b. 位置和距离优势。水库应位于交通便利、易于参观学习的地点，以便形成辐射效应，带动全县（市、区）水库的管理提升。

c. 管理基础。优先考虑已有一定管理基础，且愿意配合进行标准化打造的水库，以确保改造工作的顺利进行。

2）打造内容及标准。

a. 水库坝体。进行前后坝坡、排水棱体等部位除草，保持坝体整洁，同时检查坝体安全，确保无裂缝、滑坡等安全隐患。

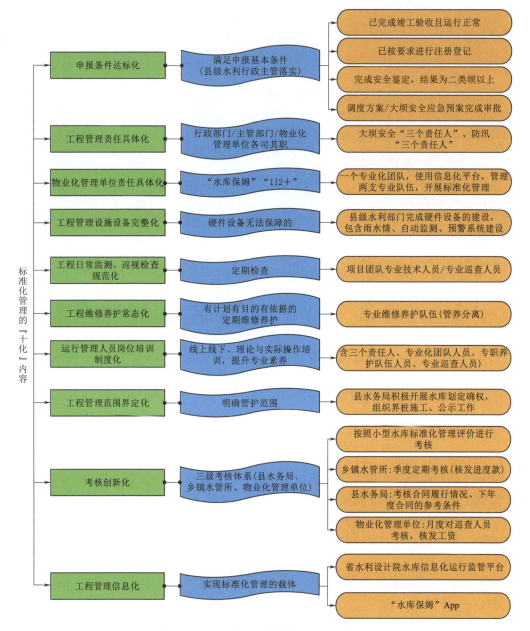

图 4.2-29 标准化管理的"十化"内容

　　b. 溢洪道。彻底清淤，确保溢洪道畅通无阻，提高水库防洪能力，溢洪道清淤如图 4.2-31 所示。

　　c. 输水设施。检查并维修输水设施，确保水库在日常和极端天气下能够安全运行。

　　d. 金属结构。对闸门、栏杆、桥梁等进行定期检查与维修，确保其正常运行，延长使用寿命。对金属结构进行防腐处理，提高其耐久性。金属结构设备维修保养前后对比如图 4.2-32 所示。

　　e. 启闭机室。对启闭机室内墙面、防护栏杆、门窗等构筑物进行翻新；对启闭机、

(a) 成果1

(b) 成果2

(c) 成果3

(d) 成果4

图 4.2-30 水库大坝外观形象提升成果

闸门和备用电源等设施设备进行维修保养；将设备标识牌、安全警示牌、操作规程和管理制度牌等上墙公示。以确保启闭机室干净整洁、设备齐全、运行正常，且符合安全操作规程。启闭机室标准化打造前后对比如图4.2-33所示。

f. 水库信息化自动测报设备。完善水库的自动测报系统，包括水位监测、雨量监测、水质监测等，并接入信息化平台，确保自动测报设备准确、可靠，能够实时反映水库的运行状态。

图 4.2-31 溢洪道清淤

g. 根据水库实际情况和资料，完成水库标准化管理工作手册编制。

h. 标准化标识标牌的制作与安装通过规范设计、多牌融合（如工程简介牌、大坝安全责任人公示牌、防汛"三个责任人"公示牌、管理范围和保护范围公告牌、大坝溃坝洪水淹没范围图及人员转移路线图、安全警示牌），形成内容完整，尺寸统一的标准化标识标牌，如图4.2-34所示。

3）水库现场达标建设后的验收。水库现场达标建设工作完成并验收合格后，开展相

（a）维修保养前　　　　　　　　　　（b）维修保养后

图 4.2-32　金属结构设备维修保养前后对比

（a）启闭机维修保养前　　　　　　　　（b）启闭机维修保养后

（c）启闭机室翻新前　　　　　　　　　（d）启闭机室翻新后

图 4.2-33　启闭机室标准化打造前后对比

关标准化管理申报工作。

（2）标准化管理达标申报。

1）水库物业化管理服务单位按照评级标准进行打分自评。水库物业化管理服务单位在完成水库现场标准化达标建设，且具备县级达标评价的条件后，由水库物业化管理服务单位编制相关的自评材料，按照《云南省小型水库工程标准化管理评价标准（试行）》中

图 4.2 - 34　标准化标识标牌

的 28 个小项对照检查，针对每个小项目进行打分并附上证明照片，同时叙述扣分项及扣分原因。

2）填写标准化自评材料。水库物业化管理服务单位完成自评打分后按照云南省小型水库工程标准化管理评价要求，分别从工程状况、安全管理、运行管理、管理保障、信息化建设等五大项部分的支撑材料，以及工程面貌与环境、挡水建筑物、泄水建筑物等 28 类评分项进行分类描述，附上符合评分标准的代表性照片，以图文并茂的方式完成支撑材料的编写。

3）完成自评报告的编写。水库物业化管理服务单位完成支撑材料后，安排相关人员进行自评报告的编写，自评报告的内容分为前言、基本情况、评价工作情况、水库标准化管理自评情况、存在问题及整改措施、结论等六部分。

a. 前言部分。交代水库申报标准化评价的背景、达标建设过程以及自评报告依据的政策文件。

b. 基本情况部分。

（a）工程概况：简述水库枢纽区各构筑物的设计规模尺寸、设计标准以及相关特征参数，介绍水库运行情况。

（b）主要建设内容及建设工期：水库前期、规划设计、施工、运营等四个阶段的描述，水库的投资以及管理阶段配套设施的介绍。

（c）管理单位基本情况：介绍水库物业化管理服务单位的由来，管理单位的组织机构、经费来源的说明。

c. 评价工作情况部分。

（a）描述自启动水库标准化达标管理以来，水库物业化管理服务单位开展的事项、相应的达标建设过程、采取的达标建设设施和方案，以及达标建设的验收等工作。

（b）描述申报省标准化达标管理单位应具备的条件，说明水库按照要求完成注册登记、按要求进行安全鉴定且鉴定过程发现的问题项已经整改或落实相关措施。

（c）介绍大坝安全应急预案、调度方案的报批情况；描述管理保护范围完成划定。

（d）简述通过水库物业化管理服务单位前期开展自评得分情况，并说明除信息化建设以外的四大项的分项得分率是否达到各自的标准。

d. 水库管理标准化管理自评情况。将工程状况、安全管理、运行管理、管理保障、信息化建设五大项支撑材料的内容进行提炼，精简支撑材料的文字及图片，对自评工作作简要概括。

e. 存在问题及整改措施。叙述开展自评自查工作以来提出需要整改的项目，对需要整改项目采取的整改措施，整改完成情况并附整改过程的照片附图等；对于整改不了的内容要有说明或者进行合理性缺项的说明。

f. 结论。描述根据云南省小型水库标准化管理实施细则及评价标准中的指标填写评价结果总得分，并分别填写分项得分及得分率，并附上自评赋分表。

4）进行标准化申报的水库现场相关视频的取景拍摄工作。项目部与融媒体公司配合完成现场视频的拍摄，取景重点突出水库"三大件"形象、库区绿化、标识标牌、水库物业化管理服务单位开展达标建设的亮点等。

5）进行县（市、区）达标的评审工作。水库物业化管理服务单位完成自评工作后，报送自评报告及支撑材料给县（市、区）水务局，由县（市、区）水务局组织专家对水库物业化管理服务单位的自评情况进行现场检查，查阅有关基础资料、复核自评结果并分析水库物业化管理服务单位的管理水平、管理设施等，通过开会的形式确定初评结果，初评结果通过后进行标准化管理评价申报书的填报。

6）按照《云南省小型水库工程标准化管理评价实施细则（试行）》附件 3《云南省小型水库工程标准化管理评价申报书》要求完成标准化管理评价申报书的填写。其中，自评表格由水库物业化管理服务填报；初评表格由县级以上水行政主管部门填报。

7）达到相应级别标准化管理的工程，按县（市、区）、州（市）、省级逐级申报。样板水库标准化管理评价资料示例如图 4.2－35 所示。

4.2.6.5 物业化水库管理考核

1. 小型水库标准化管理考核

云南省小型水库工程标准化管理评价标准分为 5 类，管理事项 28 项，总分 1000 分。5 类评价标准分别为：①工程状况，7 项 240 分；②安全管理，9 项 270 分；③运行管护，4 项 210 分；④管理保障，5 项 190 分；⑤信息化建设，3 项 90 分。

水库物业化管理服务单位标准化管理评价标准参照《云南省小型水库工程标准化管理评价标准（试行）》有关要求，对工程状况、安全管理、运行管护、管理保障、信息化建设方面进行综合评价和考核，考核结果对照考核赋分划分为 4 个等级。

水库所属乡镇主管部门按季度、县（市、区）水务局按年度对水库安全运行情况和物业化管理承接主体合同履行情况进行考核。

物业化管理考核实行不定期抽查、季度定期考核和年度考核相结合的考核制度。季度考核作为核发进度款的标准，年度考核作为考虑与物业化管理承接主体续签下一年度合同的参考条件。

（1）不定期抽查。由小型水库工程所在各乡镇人民政府分别组织，每 3 个月开展检查不少于 1 次，不少于 2 人 1 组，可采取抽查的办法进行。评价实行千分制评分，评定结果分为：优秀（分数≥800 分）、良好（700 分≤分数＜800 分）、合格（600 分≤分数＜700分）、不合格（分数＜600 分）4 个等次，检查组成员签名确认后，其结果作为季度考核和年终考核评定的参考依据。

图 4.2-35 样板水库标准化管理评价资料示例

（2）季度定期抽查。由县（市、区）水务局组织，每年度至少1次，定期抽查的工程数量应不少于合同维修养护范围工程数量的30%。定期抽查组须对所检查工程的管护情况做好记录，并依据抽查情况对维修养护总体情况作出评定，评定结果分为：优秀（分数≥800分）、良好（700分≤分数＜800分）、合格（600分≤分数＜700分）、不合格（分数＜600分）4个等次，抽查组成员签名确认后，评定结果作为年终考核评定的参考依据。

（3）年度考核。合同期内每年组织1次，在第4次日常检查考核结束后10天内组织实施，由县（市、区）水务局和各相关乡镇共同负责，根据日常检查结果（占比50%）、定期抽查结果（占比30%）及年度考核结果（占比20%）进行综合评分，评定结果分为优秀、良好、合格、不合格4个等次。

2. 实行标准化管理奖罚

各级水行政主管部门应按照《云南省小型水库工程标准化管理评价标准（试行）》，加强对小型水库标准化管理评价验收工作，建立评价验收结果与补助资金安排挂钩等正向激励机制，建议对标准化管理成效显著的单位通报表彰，并予以一定的维修养护经费补助；考核为优秀的水库物业化管理服务单位，由县水行政主管部门优先推荐为小型水库物业化管理服务单位。

小型水库物业化管理服务单位相关人员要认真履行工作职责，如出现不按要求进行巡查、记录不规范、汇报不及时的情况，将视情况根据签订的小型水库物业化管理服务合同进行考核及责任追究；对不履行管理职责或履行管理职责不到位的管理人员，小型水库物业化管理服务单位应按照有关规定进行处理，造成严重后果的，应依法追究相关法律责任。

第5章

"水库保姆"的成效案例

5.1 昌宁县小型水库物业化管理服务案例

5.1.1 项目基本情况

昌宁县隶属于云南省保山市，位于云南省西部，共辖 13 个乡镇，拥有丰富的水资源，年均降水量高达 1259mm，开展物业化管理的小型水库有 72 座，其中小（1）型水库 22 座，小（2）型水库 50 座。自 2023 年 8 月 15 日昌宁县正式启动小型水库物业化管理服务以来，历经一年多（截至 2024 年年底）的深耕细作，"水库保姆"这一创新管护模式已绽放出璀璨的光彩。

5.1.2 十项管护内容

1. 制度建设

（1）按照水库物业化管理服务单位管理规定要求，在项目部会议室内布置 12 项管理制度和"弘扬新时代水利精神""水库保姆""六化措施"文化墙进行宣传。

（2）在小型水库启闭机室房内布置操作运行人员岗位职责、启闭机安全操作规程及各类警示标识，规范管理制度和强化安全责任意识。

（3）对巡查人员进行多次水库管理业务培训，并发放管理手册（口袋本）和上岗证。

2. 巡视检查

（1）巡查责任人与劳务公司签订《劳动合同》或《灵活用工协议》并购买保险，通过合同明确巡查、值守、维护、运行操作、安全管理及保洁服务等内容，采取月度考核的方式核定工资，明确了巡查职责与考核标准。

（2）巡查人员使用"水库保姆"App，按照规定频次，对水库包括坝顶和上下游坝坡在内的 11 个点位进行傻瓜式拍照打卡巡查，每月巡查合格率为 95％以上，确保了巡查频次与质量。

（3）为巡查人员配备了包括救生衣、急救包、钢卷尺和手电筒等巡查物资。

3. 值班保洁

（1）防汛值班：当出现库水位超过汛限水位或者当地发布蓝色预警以上天气信息时，项目部立即在水库物业化管理群发布值班通知，并通过现场和电话抽查的方式，检查水库巡查人员的履职情况。同时在寒暑假和法定节假日，发布加强水库安全管理的值班通知，确保水库在特殊时段及日常管理中均处于安全状态。

（2）水库保洁：原则上要求水库巡查人员每周进行一次大坝卫生清扫，同时项目部管理人员通过现场检查和平台巡查照片检查的方式，对水库管理区域存在白色垃圾和浪渣等污染水源的现象进行检查和考核。

4. 维修养护

昌宁县采用巡查人员每个季度进行 1 次前后坝坡除草和排水沟清淤等日常维修养护工作，配合外协队伍每年进行 1 次金属结构刷漆、保养等方式开展维修养护，确保水库设施设备的长期稳定运行。维修养护完成后，项目部将维修养护前后对比照片、工程量和完成时间等信息汇编，并上传至平台，实现全过程可追溯。

5. 操作运行

小型水库物业化管理操作运行的管理重点为汛期库水位不得超过汛限水位、日常管理中开闸放水按要求记录和发现放水设施设备异常情况及时上报并记录。

6. 安全监测

安全监测项目包括使用水准仪对有沉降位移点的大坝进行测量和使用测量尺对测压管水位、渗流观测、库水位和坝体表面裂缝进行观测，监测数据由项目部统一汇编整理。

7. 安全管理

（1）汛期安全检查，每年汛前、汛中和汛后，由项目部专项对小型水库进行汛期检查，对于存在溢洪道堵塞、输水设施异常和库水位超高等安全隐患的水库完成整改。

（2）由管理人员加强巡查，阻止到水库管理区域进行钓鱼、游泳和游玩的人群。

（3）编制昌宁县 72 座小型水库的应急预案和调度方案。

8. 信息化管理

项目部使用省水利设计院开发的水库运行管理平台，一是将水库基础信息上传至平台；二是采用无人机采集照片生成水库实景三维模型；三是使用平台查看巡查照片实时了解水库运行状态；四是将维修养护记录和安全监测等水库物业化管理痕迹资料及时上传至平台。

9. 标准化管理

昌宁县打造了秧田洼水库、麻地河水库和长岭岗水库 3 座样板水库，主要完成内容包括标准化启闭机室打造、溃坝淹没范围图和人员转移路线图公示牌，以及大坝干净整洁等内容，并编制了标准化管理工作手册，推广标准化管理经验，以点带面引领全县小型水库管理水平整体提升。

10. 档案管理

按照水库物业化管理服务单位管理规定，将档案分为工程基础资料和制度汇编在内的16 项档案资料，建立健全档案管理体系，实现纸质与电子资料的双重备份。

5.1.3 物业化管理工作成效

昌宁县小型水库"水库保姆"管护模式的实施，不仅为当地水库管理注入了新的活力，更在全国范围内树立了小型水库物业化管理的典范。经过一年多的深耕细作，昌宁县小型水库的管理面貌焕然一新，水库管理人员的专业素养与责任意识显著提升，水库的安全运行与高效利用得到了有力保障。

在"水库保姆"的精心呵护下，昌宁县小型水库的物业化管理成效显著，不仅在云南省内名列前茅，更荣获了云南省仅有的 4 个"教科书"级示范县之一的殊荣。这一荣誉的获得，不仅是对昌宁县小型水库物业化管理工作的高度认可，更是对"水库保姆"创新模式的充分肯定。

具体而言，昌宁县通过实施物业化管理，实现了水库管理制度的规范化、巡查检查的精细化、值班保洁的常态化、维修养护的专业化、操作运行的标准化、安全监测的精准化、安全管理的严格化、信息化管理的智能化、标准化管理的示范化以及档案管理的系统化。这一系列举措的落地实施，不仅提升了水库的安全运行水平，还有效保障了水资源的合理利用，为昌宁县的经济发展和社会稳定提供了坚实的水利支撑。

2024 年 2 月 28 日，保山市人民政府网站与《昌宁发布》公众号携手，以《昌宁："水库保姆"引领小型水库管护新风尚》为题，深度报道了昌宁县小型水库物业化管理服务的创新实践与显著成效。文章生动描绘了自 2023 年 8 月 15 日项目启动以来，昌宁县如何凭借"水库保姆"这一创新模式，实现了小型水库管理从"量"的积累到"质"的飞跃。通过翔实的数据与鲜活的案例，展现了昌宁县在小型水库物业化管理领域所取得的突破性进展，以及这一模式对提升水库安全管理水平、保障水资源有效利用的积极作用。紧随其后，2024 年 3 月 13 日，新华卫视网及云南卫视新闻联播也纷纷聚焦昌宁（图 5.1-1 和图 5.1-2），以《云南昌宁："水库保姆"护航春耕备耕，灌溉希望田野》为题，广泛宣传了昌宁县在春耕备耕期间，如何充分发挥"水库保姆"的积极作用，确保农业灌溉用水充足，为农民增收、农业增效提供坚实的水利支撑。报道中，不仅展现了"水库保姆"在日常巡查、维护、调度等方面的专业能力，还强调了其在保障粮食安全、促进农村经济发展中不可替代的作用。

图 5.1-1　云南卫视报道"水库保姆"管护模式　　图 5.1-2　新华网报道"水库保姆"管护模式

展望未来，昌宁县将继续深化小型水库物业化管理改革，不断完善"水库保姆"模式，努力构建更加科学、高效、安全的水库管理体系，为推动当地经济社会高质量发展贡献更多水利力量。

5.2　石林县小型水库物业化管理服务案例

5.2.1　项目基本情况

石林县共有 103 座小型水库，其中小（1）型水库 21 座，小（2）型水库 82 座，有

17 座水库由县水务局供水管理处管理，94 座水库由乡镇（街道）管理。石林县水务局抓住昆明市两个物业化改革试点县的契机，积极响应云南省水利厅的号召，成为昆明市小型水库物业化改革试点县之一，通过政府采购的手续确定了云南秀川管理咨询有限公司作为石林县小型水库物业化管理服务单位。石林项目部积极探索实践"112＋"的"水库保姆"管护新模式，积极推进石林县小型水库物业化管理工作，成效显著，明显提高了小型水库的安全成色，解决了小型水利工程重建轻管的问题，使得水库的外观形象面貌以及效益得到了较大的提高，并积极地向管理标准化、管理信息化、管护专业化、工作规范化、管护计量化、管理透明化的"六化"目标靠拢。

5.2.2　十项管护内容

1. 巡视检查

日常巡查工作由巡查人员完成，巡查使用的工具为"水库保姆"App，巡查频次严格执行水库物业化管理服务单位的标准，汛期小（1）型水库一天一巡查，小（2）型水库两天一巡查；非汛期小（1）型水库、小（2）型水库一周一巡查。巡查人员按照项目部制定好的巡查路线以及现场喷涂的巡查点位进行巡查。月度检查每个月进行 1 次，具体工作由项目部人员开展，项目部人员对水库进行全面检查，了解水库管理情况。石林项目部每个月检查水库面貌、存在的问题和隐患，并对巡查人员的履职情况进行考核。

2. 值班值守

水库值班值守工作是保障水库安全运行的重要一环，"水库保姆"值班值守，通过密切监测雨情、水情、灾情、险情动态，及时发现并上报险情，能有效提高应对突发事件的协调处置能力。"水库保姆"值班值守主要是开展汛期项目部值班和巡查责任人值班工作。

3. 维修养护

小（1）型水库的维修养护工作由巡查人员完成，小（2）型水库的维修养护工作由专业的养护队伍完成。石林项目部在开展日常工作中对需要维修养护的水库制定维修养护计划，通过水库现场量测工程量，编制竞谈文件；通过招标后选取合格的维修养护单位，按照事前定价定量、事中监管以及事后结算的方式开展，做到了计量化的管理，常规的维修养护工作按照合同的要求按时按量完成。维修的项目主要包括上下游坝坡的除草、排水沟的清理、溢洪道的清淤、闸门启闭设备的除锈刷漆、金属栏杆和门窗刷漆等常规工作，维修养护工作一般每季度开展 1 次。

4. 操作运行

项目部对巡查人员进行培训，要求巡查人员掌握启闭机操作的基本技能。项目部根据机电设备、放水设施等特性制定切实可行的运行操作规程，并要求巡查人员严格按照启闭机房内上墙的操作规程来开展，同时要求巡查人员准确填报运行操作记录。

5. 制度建设

项目部根据水库物业化管理服务单位制定的管理制度并结合项目部的特点制定了 12 项管理制度；完成文化墙的建设，以及启闭机房操作规程制度、人员岗位职责、管理工作手册、水库标准化管理工作手册的编制等工作；进行制度上墙，启闭机操作规程上墙以及巡查人员管理工作手册的发放。

6．安全监测

小型水库的安全监测对于确保水库安全运行、预防灾害发生至关重要，石林项目部配备卷尺、水准仪、钢尺水位计、全站仪等大坝安全监测仪器，并由项目部负责大坝安全监测，监测项目及监测频次按照安全监测规范及水库物业化管理服务单位制定的安全监测制度规定的内容开展。

7．安全管理

一是汛期安全检查，每年汛前、汛中和汛后，由项目部专项对小型水库进行汛期检查，对于存在溢洪道堵塞、输水设施异常和库水位超高等安全隐患的水库进行整改；二是在水库维修养护施工前开展安全交底工作，保证维修养护工作不发生安全事故；三是编制小型水库的应急预案和调度方案。

8．信息化管理

石林县项目部利用省水利设计院自主研发的小型水库运行管理平台搭建了石林县小型水库运行管理平台。项目部已完成各水库基本信息、巡视检查记录、水位-库容曲线等基础信息的录入上传工作。部分水库已上传无人机航测三维模型，部分水库接入大坝安全监测、雨水情、视频监控等实时监测数据，安排平台管理员 24 小时监测水库实时动态，已初步建成水库物业化管理数字孪生平台，基本达成小型水库信息化管理目标。

9．标准化管理

项目部选择矣马伴、小白龙潭两座水库作为样板水库进行标准化打造，完成标准化标识标牌的建设、启闭机房翻新、闸门启闭机保养、制度上墙等工作，并编制标准化工作手册，起到了推广复制以点带面的作用。

10．档案管理

项目部设置兼职档案管理人员对档案进行管理，档案清单按照 A01～A16（工程基础资料、制度汇编、工作报告与大事件）16 项内容进行整编，并结合平台进行数字档案的管理，实现了"一库一档"。

5.2.3 物业化管理工作成效

石林县小型水库物业化管理的实施，改变了石林县传统粗放的管理模式，更是实现了量到质的提升，在"水库保姆"的管护模式下，石林县荣获云南省"教科书"示范县的称号。石林县通过实施物业化管理，实现了水库管理制度的规范化、巡查检查的精细化、值班保洁的常态化、维修养护的专业化、操作运行的标准化、安全监测的精准化、安全管理的严格化、信息化管理的智能化、标准化管理的示范化以及档案管理的系统化。这一系列举措的落地实施，不仅提升了水库的安全运行水平，还有效保障了水资源的合理利用，为石林县的经济发展和社会稳定提供了坚实的水利支撑。

石林县实施"水库保姆"管护模式后被云南卫视新闻联播进行报道（图 5.2 - 1）。报道中，展现了"水库保姆"在日常巡查、

图 5.2 - 1　云南卫视报道石林县"水库保姆"管护模式

维护、调度等方面的专业能力，还强调了"水库保姆"实施前后水库管理的变化。

在未来，项目部将发挥技术保障优势，继续复制推广"水库保姆"管护模式，实践探索云南小型水库长效运行机制，以组建"一个专业管理团队"，运用"一个运管平台"，管理"两支队伍"，实施"十项管护"，实现"六化目标"和"四个转变"，推动小型水库管护质量和效益实现"双提升"。

5.3 永仁县"水库＋灌区"物业化管理服务案例

5.3.1 项目基本情况

永仁县隶属于云南省楚雄彝族自治州（以下简称楚雄州），位于云南省北部，与攀枝花市毗邻，共辖 7 个乡镇，于 2023 年 9 月开展小型水库物业化管理，截至 2024 年年底已有 133 座小型水库纳入了物业化管理，其中小（1）型水库 16 座，小（2）型水库 117 座。永仁县围绕破解水利工程管护难题，紧密结合县情、水情、工情，一体推进"农业水价、小型水库和灌区物业化"改革，通过抓实"水价、计量"两个关键，推进"分好水、管好水、用好水"三条措施，落实"组织、经费、人员、机制"四项保障，形成了"水库＋灌区"物业化管理改革新模式，着力构建从水源到供水末端运行管护机制，走出了精准管控终端见效的"以水养水"新路子，实现了节水增效与农业增产、农民增收的共赢发展，推动农业水价综合改革纵深发展。

5.3.2 "水库＋灌区"管护改革做法

1. 创新改革思路，探索"以水养水"

聚焦"优化调整水资源结构、提高资源使用效率"，提出一体推进"农业水价、小型水库和灌区物业化"三项改革思路，通过整合全县水利资源，统一水资源调度管理，着力打造从水库水源到灌区供水终端"一条龙"物业化管理模式。坚持长远目标与阶段任务相衔接，改革前两年属于起步阶段，通过充分发挥各级维修养护资金撬动作用，积极探索物业化管理改革模式；改革两年后（到 2025 年年底），体制机制基本成熟、灌区管网续配套设施逐步完善，水面综合开发效益充分发挥，"水库＋灌区"物业化管理改革基本实现"收支平衡、合理盈利"的目标，改革经费可完全脱离财政支持，从而形成水利工程"以水养水"的良性运行机制。

2. 落实改革措施，凸显改革成效

（1）创新"112＋"管护模式。工程管护已形成"一个专业管理团队"使用"一个信息化管理平台"，管理"两支队伍"，即一支巡查队伍，一支养护队伍。

（2）注重人才队伍建设。制定"县、企、乡、村"四级联动管护人员聘用机制，采用县级落实考核办法、企业落实招聘录用、乡镇组织考察核实、村组负责推荐报送的用人选拔机制，突出地方人才优势，通过逐级考察，优先聘用当地责任心强、工作能力突出的管理人员，对履职不到位的管理人员，及时更换，确保管护队伍质量过硬。加大管护人员培训力度，按照"纵向到底、横向到边"的要求，组织开展管理人员业务培训、水库实地

"手把手"培训、视频培训，确保管理人员全面掌握"水库保姆"运用、"两个设施"信息平台操作、水情报送、汛期值班调度、险情应急处置等工作。

（3）有序开展维修养护。根据工程管护需要，及时组织开展工程维修养护，完成小型水库内外坝坡杂草清除、排水沟疏通、溢洪道清理和大坝位移观测等工作，有效保障工程安全运行。

（4）助力抗旱保供。充分发挥万马河应急提水工程作用，全县小（1）型及中型水库审批供水 1100 万 m³，实际供水 1057.59 万 m³，供水量较历年平均值 2300 万 m³ 减少了 1242.41 万 m³，有效保障了全县 13 万亩灌区农业生产用水，圆满完成供水任务。

（5）筑牢防汛底线。编制完成小型水库防洪抢险应急预案，制作水库溃坝洪水淹没及下游人员转移路线图，安装水库基本情况简介和防溺水警示标识。落实小型水库"两个三"防汛工作要求，按照非汛期每周 2 次、汛期每天 2 次、降雨期间 24 小时值守的频率开展水库巡查管护，全力保障水库安全度汛。

3. 完善改革机制，持续深化改革

（1）细化水权分配。修订《永仁县农业水价综合改革初始水权分配实施方案（试行）》，明确 2024 年用水总量控制指标，核定各类作物用水定额，制定水权分配方法步骤，为开展水权分配工作提供政策依据。组织工作人员到各乡镇开展改革交流指导，督促改革各项工作落到实处。同时深入探索水权交易模式，鼓励将水权在"富水户"和"缺水户"之间自由交易，通过积极协调，共完成 2 单农灌水权交易，实现楚雄州水权交易零突破。

（2）健全奖补机制。印发《永仁县建立农业水价综合改革节水奖励和精准补贴机制方案》《永仁县农业节水奖励和精准补贴暂行办法》《永仁县农业水价综合改革精准补贴和节水奖励实施细则》，明确奖补对象、标准和程序。落实惠民惠农"一卡通"专项整治工作要求。

（3）强化智慧赋能，推动改革提质增效。依托水库物业化管理服务单位数字孪生平台，全面推行"水库保姆"管理模式，整合水库安全监测、山洪灾害预警、智慧灌区等数据，形成全覆盖、智能化、信息共享的管理系统，搭建永仁县智慧水利综合信息平台。围绕"水库保姆"巡视检查、维修养护、操作运行、值班值守、制度建设、安全监测、安全管理、档案管理、信息化管理、标准化管理等 10 项工程管护内容，分类别生成电子档案132 套，全部水库实现实时监控，逐步实现水利工程管护智能化、信息化、标准化和高效化。

5.3.3 "水库+灌区"管护工作成效

1. 灌区改革效益凸显

通过改革，全县中型及小（1）型水库灌区水费收入由改革前的 56.7 万元提高至 212 万元，增长率达 267.45%，预计开展物业化改革后水费年收入可达到 500 万元以上，水商品属性逐步凸显。亩均供水量由改革前的 350m³ 下降到 280m³，亩均节水 70m³，灌区节水效果明显。年均供水次数由 2～3 次提高到 8 次以上，大春灌溉用水周期由 25 天缩短为 18 天，灌区供用水管理更加合理。改造集中供水点 300 处，安装水表 4000 块，改革覆盖面积达 20 万亩，试点区目前基本实现"一户一表"，群众打开闸门就能灌溉。经调查，每方水供水成本由改革前的 0.8 元降低至 0.5 元，解决了灌区人民群众取水难的问题，改革项目区农业生产实现了"省水""省时""省工"。

2. 促进灌区工程良性运行

通过推行终端水价制度，明确水利工程原水水费上缴县财政，重点用于水利工程项目建设的投入；末级渠系水费交由水库物业化管理服务单位，用于日常运转和水利工程管护等费用，彻底改变了过去水利工程运行有人建无人管的状况，有效解决水利工程管理经费不到位、管护主体缺失等问题。截至 2024 年年底，水库物业化管理服务单位共落实专职水库巡查人员 133 名、灌区管护人员 16 名，组建维修养护队伍 1 支，共完成 133 座小型水库日常巡查，133 座水库巡查点、特征水位布设，以及公示牌安装、启闭设施养护和坝坡杂草清理等工作。开展渠道清淤 80km，维护管网 160km，改造管道 20km，更换计量水表 4000 余块，基本形成"政府主导，社会参与"的市场化运行模式。

3. 群众满意度提高

通过改革，改变了传统的供水管理模式，放水护沟、岁修清淤等涉水事务都有人管理，规范了供水管理服务、实现了供水有序稳定。水库物业化管理服务单位运行以来，"渠首水淹渠尾干、用水难、抢水矛盾频出"等突出问题及时得到解决，特别是近年来永仁县气候复杂多变，干旱气候异常突出，水库物业化管理服务单位在解决供需水矛盾、保障农业生产用水等方面发挥积极作用，供用水管理进一步规范，灌区抵御灾害能力进一步增强。群众用水、管水、节水、护水的积极性全面提高，用水综合成本降低，农业水价综合改革的认可度、接受度和满意度逐年上升。

4. 精细化用水管理

按照"精准调水、科学管水、节约用水"的工作要求，全面加强灌区用水管理，每次供水前及时组织县水务局、各乡镇人民政府、水库物业化管理服务单位召开供水会商会议，科学审核供水量。严格执行供水审批制度，杜绝擅自供水行为，在保障灌区供水需求的同时节约用水，将水用在刀刃上。按照 2024 年蓄水情况，及时组织开展水权分配工作，将水权科学合理分配给用水户，制定并上墙水权明白卡，让群众用上"明白水、放心水"，对超过水权的用水量，探索实行累进加价制度，促进群众节水；对水权内节约的水量鼓励开展水权交易，从而盘活水权市场。云南卫视报道"水库＋灌区"管护模式如图 5.3－1 所示。云南日报报道"水库保姆"管护模式如图 5.3－2 所示。

图 5.3－1　云南卫视报道"水库＋灌区"管护模式

图 5.3-2　云南日报报道"水库保姆"管护模式

第 6 章

探 讨 与 展 望

水利工程是国民经济和社会发展的重要基础设施，水利工程管理现代化不能脱离国家现代化以及水利现代化的时代背景。"112＋""水库保姆"管护模式是云南小型水库物业化管理改革的创新成果，也是探索具有云岭特色水利工程管理现代化的实践结晶。统筹发展和安全，坚持量质并重、创新驱动，推动"水库保姆"管护提档升级，加快构建现代化水库运行管理矩阵，确保水库安全得到有效保障、效益得到充分发挥，更好地服务于国家现代化以及水利现代化目标。

6.1　小型水库运行矩阵化管理探讨

矩阵是一个数学概念，指由一组数排成的矩形阵列。矩阵管理是借用数学概念提出的一种组织结构管理模式；矩阵管理结构中的人员来自不同部门，具有不同技能、知识和背景，为某个特定任务（项目）共同工作。现代化水库运行管理矩阵基于管理学理论中的矩阵管理概念，结合水库运行管理的特点和需求，建立包含"四全"管理、"四制（治）"体系、"四预"措施、"四管"工作的多视角、多层次、全元素集合，形成横向到边、纵向到底、覆盖水库运行管理各个方面的系统性管理模式。

构建现代化水库运行管理矩阵是贯彻落实习近平总书记关于水库安全管理工作重要指示批示精神的具体体现，是推动新阶段水利高质量发展的有效手段和科学路径，将全方位提高水库运行管理水平，推动实现水库运行管理精细化、信息化、现代化，有力保障水库安全运行、效益充分发挥。

6.1.1　与标准化管理的关系

矩阵化管理的"四全""四制（治）""四预""四管"等四个层次，比标准化管理涵盖的五个方面更加细致，是标准化管理的升级版。同时，四个层次与标准化管理的五个方面在管理内容上是相互依存、互为促进的关系。

目标一致、程度递进：都以推动高质量发展为目标，着力强化水利体制机制法治管理，推进工程管理信息化智慧化，构建推动水利高质量发展的工程运行标准化管理体系。

逐步推进、因地制宜：二者都强调因地制宜，循序渐进，推进水利工程标准化管理，保障水利工程运行安全，保证工程效益充分发挥。

实施小型水库矩阵化管理可以从标准化管理角度分析如下：

（1）工程状况。工程完整，形象面貌，外观完好，环境整洁，标识标牌规范醒目；主要建筑物和配套设施运行状态正常；金属结构与机电设备运行正常、安全可靠；监测监控设施设置合理、完好有效。

（2）安全管理。工程要按规定注册登记；按规定开展安全鉴定；工程管理与保护范围划定并公告；安全管理责任制落实；防汛组织体系健全；有效开展保护管理工作。

（3）运行管护。工程管护工作制度齐全、行为规范、记录完整；及时排查、治理工程隐患；实行台账闭环管理；调度运用规程和方案（计划）按程序报批，并严格遵照实施。

（4）管理保障。管理体制顺畅，工程产权明晰人员经费、维修养护经费落实到位；岗位设置合理，规章制度满足管理需要并不断完善；工作手册满足运行管理需要；办公场所设施设备完善，档案资料管理有序。

（5）信息化建设。要建设工程管理信息化平台，整合接入雨水情测报、工程安全监测、视频监控、预报预警监控等工程信息，并配套手机 App、无人机巡查、三维实景模型等，实现在线监测监管；网络安全与数据保护制度健全。

6.1.2 与信息化建设的关系

矩阵建设内容中有很多与信息化建设密切相关；信息化建设是实现现代化水库运行管理矩阵的重要基础；在矩阵建设设计和实施过程中，要重视信息化建设，充分利用信息化建设成果感知水库要素信息，并进行分析，同时矩阵建设的各项成果，也要形成数字化应用成果在水库运行管理系统等平台上展示；在矩阵先行先试工作中，宜积极与数字孪生水利建设关联，为矩阵建设中"四全"管理与"四预"措施的实现提供支撑。

6.1.3 与水库运行管理工作的关系

（1）做好水库运行管理各项日常工作是矩阵建设的基础。在矩阵建设过程中，要梳理水库各项日常工作的成果和缺漏，在矩阵的框架下，充分考虑各项工作环节间的内在联系，比如在开展监测设施建设时，要将大坝安全监测设施建设需求与水库雨水情监测预报的需求结合考虑，在运管信息平台建设的同时应当兼顾矩阵建设电子成果。

（2）矩阵化建设是做好日常管理工作上的提升。比如在规范开展水库巡视检查中，要考虑到管控全天候的需求，在做好枢纽区管理的同时，要重视库区管理和下游安全管理，将水库管理向精细化、信息化、现代化提升。

6.2 "水库保姆"管护模式展望

"112＋""水库保姆"管护模式是云南省将物业管理的理念、方法运用于水利工程运行管理的实践探索和创新成果，已在全省 94％的州（市）推广复制、开花结果，改革"一子落"发展"满盘活"得到充分印证。深化小型水库物业化管理改革是扭转水利工程"重建轻管"的关键领域，必须直面问题、增强信心、知难而进，结合农业水价综合改革，持续深化小型水库物业化管理改革，加快构建现代化水利工程运管矩阵，促进全省水利工程运行管护效益持续发挥注入新活力。为此，应做到以下四个方面：

（1）层层压实责任。将小型水库物业化管理改革的任务项目化、项目清单化、清单具体化，强化督查考核，动态通报晒单，逐步建立起"权责利"协调、"建管用"一致的考核监管体系。对改革成效明显的县（市、区），在项目立项、资金安排上予以重点支持，倾斜挂钩，反之调减乃至暂停省级以上水利项目资金安排。

（2）注重统筹谋划。加强对区域小型水库物业化管理改革的指导，点面结合、有的放矢，不搞"齐步走""一刀切"，避免造成新的责任盲区和管理真空。坚持市场导向和契约精神，积极引入专业化公司参与小型水库管护，引导优质资源扩容下沉，提高优质服务供给能力。

（3）强化保障支撑。加强中央和省级小型水库维修养护补助资金的使用监管，确保专款专用并发挥撬动作用，积极探索取水贷、水源贷、水权贷，多渠道筹措小型水库物业化管理改革所需资金。完善和调整水利工程管理、河湖水域岸线管控、水面开发利用等有关政策措施，加快建立水利工程"以水养水"长效运管机制。

（4）强化宣传引导。做好小型水库物业化管理改革政策解读和工作指导，大力推行"典型引路"法，加大成功经验的复制推广力度，推动小型水库物业化管理走深走实、做大做强。同时，强化信息报送和典型宣传，进一步营造深化小型物业化管理改革的良好氛围。

小型水库物业化管理服务项目 实施方案

××县小型水库物业化管理服务项目

实 施 方 案

一、实施小型水库物业化管理服务政策要求

水库安全运行事关人民群众生命财产安全,事关经济发展和社会稳定,党中央、国务院高度重视水库安全工作,国务院印发《国务院办公厅关于切实加强水库除险加固和运行管护工作的通知》(国办发〔2021〕8号),要求探索实行小型水库专业化管护模式。云南省发布《云南省人民政府办公厅关于切实加强水库除险加固和运行管护工作的通知》(云政办发〔2021〕29号),要求积极创新管护机制,对分散管理的小型水库,明确管护责任,实行区域集中管护、政府购买服务、"以大带小"等管护模式,2021年年底前完成30%以上工作任务,2022年全面推开。《云南省水利厅关于加快推进小型水库专业化管护工作的通知》(云水工管〔2023〕11号)要求充分利用中央水利发展资金和省级一般债小型水库维修养护补助资金,优先用于小型水库专业化管护改革工作。同时积极争取省级涉农统筹资金、地方政府一般债以及市县财政资金和社会资本用于小型水库专业化管护,不断夯实小型水库管理保障基础,发挥其撬动作用。积极培育管护市场,鼓励发展专业化管护企业,不断提高小型水库管护能力和水平。

通过政府向社会机构购买小型水库物业化管理服务,实现小型水库专业化管理,既能有效破解小型水库管理的制度缺失、技术薄弱、人员配置不够等问题,又能充分发挥小型水库物业化管理服务企业的专业优势,提高小型水库管理维护质量。

二、指导思想

以习近平总书记"节水优先、空间均衡、系统治理、两手发力"治水思路为指导,因地制宜地开展管护模式创新,积极推进物业化管理,筑牢小型水库安全防线,全面提升管护水平。

三、基本原则

实施小型水库物业化管理遵循"政府主导、多方参与、市场运作、权责明确、规范高效、运行安全"的原则。

四、服务对象

××县本次纳入小型水库物业化管理服务的小型水库共计××座,其中小(1)型水库××座,小(2)型水库××座,水库基本情况如下表所示。

××县小型水库基本情况

序号	水库名称	水库规模	坝型	坝高/m	坝长/m	库容/万 m³	主要功能
1							
2							
3							
...	...	...	...	...	...	...	...

五、小型水库物业化管理服务范围

本次实施物业化管理服务的小型水库共计××座，其中，小(1)型水库××座、小(2)型水库××座。具体管理范围包括工程区管理范围和运行区管理范围。

(1) 水库枢纽的管理范围包括挡水、泄水、输水建筑物的占地范围及其周边，小（1）型水库 30m，主、副坝下游坝脚线外 30m；小（2）型水库 20m，主、副坝下游坝脚线外 20m。

(2) 运行区管理范围包括管理房、资料档案室、仓库、防汛调度室等建筑物的周边范围。

六、小型水库物业化管理服务的主要内容

小型水库物业化管理购买服务指将全部或部分小型水库管护业务推向市场，通过向社会市场主体购买服务的方式，由专业的管护机构承担水库的安全运行工作。根据××县水库实际和管护工作需要，选择购买服务内容如下：

(一) 制度建设

小型水库物业化管理服务企业应建立健全各项管理制度。小型水库物业化管理服务企业应结合工程实际，制订具体的管理制度并张贴上墙。小型水库物业化管理服务管理制度包括以下内容：

(1) 岗位责任制度：明确各管理岗位设置、岗位责任、管理办法等。

(2) 巡视检查制度：根据水工建筑物及设施设备的具体特点，明确工程检查的组织、准备、部位、路线、频次、内容、方法、记录、分析、处理、报告等要求。

(3) 安全监测制度：明确水文观测和工程监测的时间、频次、精度、方法、数据校核与处理、资料整编归档、仪器检查率定、异常分析报告，以及视频监视的时间、频次、信息报送、异常报告、资料保存备份等要求。

(4) 维修养护制度：明确日常养护项目的内容、方式、频次、标准等。

(5) 运行操作制度：明确闸门、启闭机、电气设备操作的规则、程序、准备、方式、观测、记录、信息报送等要求。

(6) 值班制度：按照防汛值班值守有关规定，明确值班的人员安排、工作内容、信息传递、值班记录、交接班手续等要求。

(7) 报告制度：明确管理工作中的重要信息以及检查、监测等工作发现问题或异常等事项的报告流程、时限、内容、方式等。

(8) 物资管理制度：明确防汛物资储备的种类、数量、分布以及储存、保管、更新、调运等要求。

(9) 档案管理制度：结合档案管理有关规定，明确与管理工作有关的文书、科技、声像等各类档案资料的收集、分类、整编、归档、保存、借阅、归还、数字化等要求。

(10) 安全责任制度：明确安全生产措施、安全生产制度、安全生产组织保证体系、安全操作规程等。

(11) 应急管理制度：建立应急组织体系，制定安全事故和防洪抢险应急预案，明确

应急监测和应急保障措施，开展应急宣传、培训与演练。

（二）巡视检查

1. 一般规定

（1）巡视检查包括日常巡查、防汛检查、特别检查。

1）日常巡查。由小型水库物业化管理服务企业组织管护人员对工程进行日常检查。小型水库最少配备 1 名巡查员。日常巡查频次应不少于表 A.1 的规定，大坝出现异常或险情时应加密巡查。同时技术性服务企业每月一次指导性全面检查。

表 A.1 小型水库大坝日常巡查频次

序号	巡查时段	巡查频次			备注
		初蓄期	运行期		
			小（1）型	小（2）型	
1	非汛期	1～2次/周	1次/周	1次/周	具体频次各水库结合实际确定
2	汛　期	1～2次/天	1次/天	1次/2天	

注　表中巡查频次，均系正常情况下最低要求，初蓄期应加大频次；初蓄期是指从水库新建、改（扩）建、除险加固下闸蓄水至正常蓄水位的时期，若水库长期达不到正常蓄水位，初蓄期则为下闸蓄水后的头三年。

2）定期检查。

a. 防汛检查。防汛检查是由小型水库物业化管理服务企业陪水库主管部门、水行政主管部门，组织管护人员，在汛前、汛中、汛后各开展一次的现场检查，重点检查大坝安全情况、设施运行状况和防汛工作。

b. 白蚁防治检查。白蚁蚁害检查是由小型水库物业化管理服务企业组织人员每年进行 2 次全面检查，检查水库大坝枢纽区域是否存在明显蚁害安全隐患。

3）特别检查。在遭遇洪水、地震和大坝出现异常等情况时，由小型水库物业化管理服务企业配合水库主管部门、水行政主管部门开展特别检查。

（2）小型水库物业化管理服务企业应制定巡查计划，明确检查频次、时间、路线、重点部位、记录、报告、资料整编与存档等内容。检查计划应报水库主管部门或水行政主管部门审核批准后实施。

（3）检查对象包括坝体、坝基坝区、溢洪道、放水洞、闸门及启闭机、库区以及观测、照明、安全防护、管理标识标牌、防汛道路等。检查重点部位是近坝水面、坝顶、上下游坝面、坝脚、放水洞进出口、溢洪道及主体工程隐患部位。

（4）检查内容主要检查挡水、泄水、输水建筑物结构安全性态，金属结构与电气设备可靠性，管理设施是否满足管理需求，近坝库岸安全性等。

（5）检查方法。

1）日常检查和防汛检查一般采用眼看、耳听、手摸、脚踩、鼻嗅等直觉方法，或辅以锹、锤、尺等简单工具进行检查或量测。同时可以利用视频监控系统辅助跟踪检查。

a. 眼看。观察工程平整破损、变形裂缝、塌陷隆起、渗漏潮湿等情况。

b. 耳听。有无不正常的声响或振动。

c. 脚踩。检查坝坡、坝脚是否有土质松软、鼓胀、潮湿或渗水。

d. 手摸。用手对土体、渗水、水温进行感测。

e. 鼻嗅。库水、渗水有无异常气味。

2）特别检查还可采用开挖探查、隐患探测、化学示踪、水下电视、潜水检查等方法。

2. 检查要点

（1）对挡水、泄水、放水建筑物，闸门及启闭设施，近坝库岸及管理设施情况进行检查，先总体后局部突出重点部位和重点问题。检查中要特别关注大坝坝顶、坝坡、下游坝脚、近坝水面，溢洪道结构破损、渗漏及水毁，放水涵进出口结构破损、渗漏，闸门与启闭机老化破损，穿坝建筑物渗漏等问题。对检查中发现的重要情况，做好文字描述、拍照记录。

（2）检查要求。

1）挡水建筑物（大坝）。

a. 坝顶：①坝顶路面是否平整，有无排水设施，有无明显起伏、坑洼、裂缝、变形、积水等现象；②防浪墙是否规整，有无缺损、开裂、错断、倾斜、挤碎、架空等现象；③两侧坝肩与两岸坝端有无裂缝、塌陷、变形等现象；④坝顶兼作道路的有无危害大坝安全和影响运行管理的问题。

b. 上游坝坡：①坝坡是否规整，有无滑塌、塌陷、隆起、裂缝、淘刷等现象；②护坡是否完整，有无缺失、破损、塌陷、松动、冻胀等现象；③近坝水面线是否规整，水面有无漩涡（漂浮物聚集）、冒泡等，有条件时检查上游铺盖有无裂缝、塌坑。

c. 下游坝坡：①坝坡是否规整，有无滑动、隆起、塌坑、裂缝、雨淋沟，以及散浸（积雪不均匀融化、亲水植物集中生长）、集中渗水、流土、管涌等现象；②护坡是否完整，有无缺失、破损、塌陷、松动、冻胀、滑塌等现象；③排水系统是否完整、通畅。

d. 下游坝脚与坝后：①排水棱体、滤水坝趾、减压井等导渗降压设施有无异常或破坏；②坝后有无影响工程安全的建筑、鱼塘等侵占现象。

e. 生物侵害：坝体有无白蚁、鼠害、兽穴、植物等生物侵害现象。

f. 近坝岸坡：边坡有无滑坡、危岩、掉块、裂缝、异常渗水等现象。

2）泄水建筑物（溢洪道）。

a. 进口段（引渠）：①有无人为加筑子堰、设障阻塞、拦鱼网或其他影响防洪安全的问题；②进口水流是否平顺，水流条件是否正常，有无必要的护砌；③边坡有无冲刷、开裂、崩塌及变形。

b. 控制段：①堰顶、边墙、溢流面、底板有无裂缝、渗水、剥蚀、冲刷、变形等现象；②伸缩缝、排水孔是否完好。

c. 消能工：有无缺失、损毁、破坏、冲刷、土石堆积等现象。

d. 工作交通桥：有无异常变形、裂缝、断裂、剥蚀等现象。

e. 行洪通道：①下游行洪通道有无缺失、占用、阻断现象；②下泄水流是否淘刷坝脚。

3）放水建筑物（放水涵）。

a. 进口段：①进水塔（或竖井）结构有无裂缝、渗水、空蚀等损坏现象，塔体有无倾斜、不均匀沉降变形；②进口有无淤积、堵塞，边坡有无裂缝、塌陷、隆起现象；③工作桥有无断裂、变形、裂缝等现象。

b. 洞身段：①洞（管）身有无断裂、坍落、裂缝、渗水、淤积、鼓起、剥蚀等现象；②结构缝有无错动、渗水，填料有无流失、老化、脱落；③放水时洞身有无异响。

c. 出口段：①出口周边有无集中渗水、散浸问题；②出口坡面有无塌陷、变形、裂缝；③出口有无杂物带出、浑浊水流。

4）金属结构与电气设备（闸门与启闭机）。

a. 启闭设施：①启闭设施能否正常使用；②螺杆是否变形、钢丝有无断丝、吊点是否牢靠；③启闭设施有无松动、漏油，锈蚀是否严重，闸门开度、限位是否有效；④备用启闭方式是否可靠。

b. 闸门：①闸门材质、构造是否满足运用要求；②闸门有无破损、腐蚀是否严重、门体是否存在较大变形；③行走支承导向装置是否损坏锈死、门槽门槛有无异物、止水是否完好。

c. 电气设备：①有无必要的电力供应，电气设备能否正常工作；②重要小型水库有无必要的备用电源。

5）管理设施。

a. 防汛道路：①有无达到坝肩或坝下的防汛道路；②道路标准能否满足防汛抢险需要。

b. 监测设施：①有无必备的水位观测设施；②有无必要的降雨量、视频、渗流、变形等监测预警设施；③有监测设施的运行是否正常。

c. 通信设施：①是否具备基本的通信条件；②重要小型水库有无备用的通信方式；③通信条件是否满足汛期报汛或紧急情况下报警的要求。

d. 管理用房：①有无管理用房；②能否满足汛期值班、工程管护、物料储备的要求。

e. 标识标牌：是否有管理和警示标识标牌。

6）其他情况。上述内容以外的其他情况，如近坝岸坡有无崩塌及滑坡迹象，大坝管理范围和保护范围活动情况。

3. 巡视检查要求

（1）检查记录。

1）每次检查如发现异常情况，应详细记述时间、部位、险情、处理情况等，必要时应绘草图或观测图、摄影摄像，并在现场做好标记。

2）每次检查后对原始记录进行整理或保存、将巡查信息上传巡查 App，并做出初步分析判断。

3）现场记录应与上次或历次检查结果进行比较分析，如有异常现象，应立即进行复查确认。

（2）检查报告。

1）检查中检查人员发现工程缺陷或异常时，应立即向技术负责人或项目负责人报告，紧急情况可直接向水库防汛行政责任人和主管部门、小型水库物业化管理服务企业报告。

检查报告应包括以下内容：①报告人；②发现时间；③异常情况；④当时水库水位及降雨情况；⑤拍照及上传情况。

2）汛后（年度）检查和特别检查现场工作结束后 5 个工作日内应向小型水库物业化管理服务企业提交详细检查报告。必要时附上照片及示意图。

（3）资料整编。

1）每年应进行资料整编，形成工程检查资料汇编报告。

2）整编成果应做到项目齐全，数据可靠，图表完整，规格统一，简明扼要，按年度集中成册。

3）各种检查记录、图纸和报告的纸质及电子文档等成果均应及时整理归档备查。

（4）工程缺陷和隐患处理。

1）对检查中发现的工程缺陷或隐患，小型水库物业化管理服务企业应组织相关人员分析判断可能产生的不利影响，进行隐患程度分类（一般安全隐患、重大安全隐患），提出处理意见、措施，处理内容属于管护服务范围的，应及时组织实施。

2）工程缺陷和隐患处理原则如下：

a. 日常检查、汛中检查发现的缺陷与一般安全隐患，应限时完成处理；一时难以处理的，应尽快开展专项维修。

b. 汛前检查发现的缺陷与一般安全隐患，一般应在主汛前完成处理。

c. 汛后检查发现的缺陷与一般安全隐患，一般应在下一年汛前处理完成。

d. 检查中发现影响水库大坝运行安全的重大安全隐患，应迅速研究处理，并及时报告上级主管部门。

（三）值班值守

（1）为使各项水利工程在汛期能安全度汛和安全运行，每年汛期，小（1）型水库实行 24 小时值班值守，小（2）型水库遇突降暴雨、连续降雨、库水位接近汛限水位时进行 24 小时值班值守，汛期时间有调整的，按上级公布的汛期时间执行。

（2）值班值守人员应坚守岗位，严禁擅自离岗、脱岗，手机 24 小时保持开机。如确有事需离开应向项目负责人报告。值班值守人员要随时了解天气预报、天气情况变化趋势，准确及时地掌握雨情、水情，工情，认真做好值班记录，收集资料并保存。

（3）值班值守人员应加强业务知识学习，熟悉有关防汛知识和规章制度，积极主动做好情况收集和整理。及时了解当前汛情变化，熟记各测站及本水库的测报任务，正点、准确收发电报，认真做好值班记录和上报等工作。

（4）遇有恶劣过程性天气预报、降大暴雨、山洪暴发，水库水位猛涨或高水位经计算预报值需要开泄洪闸时，值班人员应立即报告水库防汛领导。通知各防汛工作成员，加强对水工程、泄洪闸启闭设备、通信设施、电源等相关设备的观测检查，发现问题应及时处理汇报；发现工程险情必须立即采取必要抢护措施，并及时向项目负责人、主管部门汇报。

（5）值班人员应做好库水位、蒸发量、溢流量等的观测，收集扬压力数据做分析并以保存，粗略计算进、出库水量及雨量流域平均值，完成相关数据报送。

（6）防汛防旱设备应定期进行维护保养，确保设备工况始终处于正常状态。

（四）安全监测

1. 一般规定

小型水库大坝安全监测类别一般分为环境量监测、变形监测和渗流监测。环境量监测项目一般包括库水位观测和降雨量观测。变形监测一般包括位移观测和裂缝观测。渗流监测一般包括渗漏量观测和渗流压力观测。应按照《混凝土坝安全监测技术规范》（SL 601—2013）和《土石坝安全监测技术规范》（SL 551—2012）的要求，并结合水库的具体情况，设置必要的工程监测项目和设施。

小型水库物业化管理服务企业每年应组织相关人员参加安全监测线上线下培训。

2. 监测要求

（1）监测方法和要求应按《混凝土坝安全监测技术规范》（SL 601—2013）和《土石坝安全监测技术规范》（SL 551—2012）有关规定执行。

（2）选用的仪器设备技术参数应符合相关规范规定；不同建筑物和不同观测项目，必须遵守有关的观测精度要求，所有观测误差都不允许大于观测时该测点的绝对变量或有关规定。

（3）各类监测项目应按照如下环境量监测频次表和变形和渗流监测频次表规定的测次进行全面、系统和连续的观测；在特殊情况下，如地震或工程发现异常现象等，应增加测次测点，必要时并增加观测项目。

（4）观测时间应根据水库蓄水运用情况而定，要求观测到蓄水运用过程各测点形态变化和工作情况的最大值和最小值。对相互关联的观测项目，应配合同时进行。每次观测做好现场观测记录。

（5）每次观测完，应将观测记录与上次或历次监测结果进行比较分析，如有异常现象，应立即进行复查确认；监测结果异常的，应立即查找原因，并报告技术负责人。

（6）工程出现异常或险情状态时应进行监测资料分析，监测资料分析的项目、内容和方法应根据水库实际情况而定；变形量、渗流量、扬压力等必须进行分析。

3. 资料整编

（1）监测资料整编每年进行 1 次，收集整编时段的所有观测记录，对各项监测成果进行初步分析，阐述各监测数据的变化规律以及对工程安全的影响，并提出水库运行和存在问题的处理意见。

（2）资料整编过程中，发现异常情况，应按《混凝土坝安全监测技术规范》（SL 601—2013）和《土石坝安全监测技术规范》（SL 551—2012）有关要求对监测成果进行综合分析，揭示大坝的异常情况和不安全因素，评估大坝工作状态，提出监测资料分析报告。

（3）年度整编材料装订成册，整编材料内容和编排顺序一般为：封面、目录、整编说明、监测记录、监测资料整编表。

（4）监测资料整编材料按档案管理规定及时归档。

（五）维修养护

小型水库工程维修养护应坚持"经常养护、随时维修、养重于修、修重于抢"的基本原则。为了保障主体工程的正常运行，小型水库物业化管理服务企业根据实际情况进行相关的维护，维修养护项目如混凝土表面维护、砂浆脱落、挡墙破损、草皮修复、止水更换等单件工程在 2000 元及以下的，由小型水库物业化管理服务企业负责维修养护；如果大坝维修养护内容比较重要，如大坝建筑物突发局部破损、应急处理工程等，如需除险加固、大面积破损修复、更换设备等，则由小型水库物业化管理服务企业上报相关情况，根据《云南省小型水库维修养护定额标准、巡查管护人员补助标准（试行）》编制施工图及预算，上报主管部门向上级申请资金。除了直接消除建筑物本身的表面缺陷外，还应消除对建筑物有危害的社会行为，达到恢复或局部改善原有工程结构状况的目的。维修养护标准如下。

1. 库区除草保洁清障标准

（1）对大坝（迎水坡、背水坡、坝顶、防浪墙等）、溢洪道（进水段、泄槽段、消能段及边墙等）、管理房周边 1m 范围内进行常态除草和卫生保洁，每年清除不低于四次，以保证外观整洁。

（2）草皮护坡的不得有杂草、灌木等，草皮的高度不得大于 20cm；清除杂草、灌木时不能破坏原建筑物结构，不能影响水质安全。

（3）清除后的杂草等不得堆放在坝面和溢洪道内，应及时清运，确保库区范围整洁。

2. 金属结构和电气设备维修养护标准

金属结构和电气设备养护范围包括闸门、启闭机和电器设备等，1 年至少进行 2 次检查和保养。

（1）闸门。

1）闸门及埋件干净整洁，表面无锈斑，防腐层无剥落、鼓泡、龟裂、明显粉化等老化现象。

2）闸门各转动部位润滑良好、活动灵活，加油设施完好畅通。

3）各固定零部件无变形、松动、损坏现象。

（2）启闭机。

1）启闭机整体表面整洁干燥，无起皮、锈蚀现象。

2）各固定零部件无缺失、变形、松动、损坏现象。

3）各转动部位润滑良好、活动灵活，配合间隙符合规定。

（3）操作人员应按照要求填写日常养护记录，及时、真实记录养护情况。

3. 管理设施及监测、警示、标识设施养护标准

管理设施及监测、警示、标识设施包括管理房、启闭机房、标识牌、界桩及水位、降雨量观测设施等。

（1）管理设施。

1）管理房及启闭机房等房屋内部干净整洁，各类工具、材料、物品摆放有序。

2）屋面和墙面无脱落、渗水现象，门窗完好、封闭可靠。

（2）监测设施。水位及降雨量观测设施每年汛前维护 1 次，确保设备完好，读数清晰，精度符合要求。

（3）标识牌。各类工程标识牌及界桩完好、醒目、美观。

（六）操作运行

1. 一般规定

（1）运行操作须严格依照购买主体或水库管理单位授权调度指令开展。禁止不按授权指令操作或未经授权擅自执行调度操作。运行操作或调度过程中若发生异常情况，应及时向小型水库物业化管理服务企业或水库管理单位（产权所有者）报告。

（2）操作运行岗位应落实相对固定的巡查管护人员负责，禁止非运行操作人员进行操作。

（3）小型水库物业化管理服务企业应按照《水闸技术管理规程》（SL 75—2014）和《水工钢闸门和启闭机安全运行规程》（SL/T 722—2015）的要求，根据机电设备、放水设施等特性制定切实可行的运行操作规程，运行操作应严格按照操作规程开展，杜绝运行安全事故发生，操作规程应在操作岗位醒目位置的墙上。

2. 闸门启闭操作要求

（1）闸门开启前检查闸门启闭设备、电气设备、供电电源是否符合运行要求，闸门运行路径有无卡阻物，确认正常后方可启闭操作。

（2）泄水设施闸门启闭操作要求：

1）闸门操作人员一般安排 2 人，一人操作，另一人监护。

2）闸门按设计要求进行操作运用，应同时分级均匀启闭。多孔闸门开闸时先中间、后两边，由中间向两边依次对称开启；关闸时先两边、后中间，由两边向中间依次对称关闭。

3）当初始开闸或较大幅度增加流量时，采取分次开启的方法，使过闸流量与下游水位相适应。

4）闸门开启高度应避免处于发生振动的位置；如需改变运行方向，则应先停机，再换向。

5）闸门启闭时，操作人员需服从指挥，集中精力，不得擅自离开岗位，严加监视，保障设备和人员安全。若发现闸门有停滞、卡阻、杂声等异常现象，应立即停止运行，并进行检查处理，待问题排除后方能继续操作。

（3）放水设施闸门启闭操作要求：

1）闸门开启时，应先小开度提门充水平压后再行正常开启；闸门关闭时，应尽量慢速以保持通气孔顺畅。

2）过闸水流应保持平稳，运行中如出现闸门剧烈振动，应及时调整闸门开度。

3）闸门启闭时应密切注意运行方向，如需改变运行方向，则应先停机，再换向。

4）闸门启闭应严格限位操作，当闸门接近最大开度或关闭接近闸底槛时，要保持慢速并做到及时停止启闭，以避免启闭设备损坏。

5）避免输水涵洞长时间处于明满流交替运行状态。

（4）防汛期间，泄水设施闸门故障无法启闭时，应按有关预案要求处理。

（5）闸门启闭结束后，操作人员应校对闸门开度，观察上、下游水位及流态，切断电源，同时做好闸门启闭运行记录。

3. 运行操作记录

(1) 操作人员应及时、真实记录运行操作情况。

(2) 运行操作记录内容应包括：操作依据、操作时间、操作人员，操作过程历时，上、下游水位及流量、流态情况，操作前后设备状况，操作过程中出现的异常情况和采取的措施，操作人员签字等。

(3) 记录本应放置于操作岗位醒目位置，所有运行操作均应记录在案并按月分册存档。

（七）信息化建设

信息化建设主要由小型水库物业化管理服务企业在小型水库物业化管理服务期间，建立县级小型水库安全运行监管平台，实现在线监管，信息化平台主要建设内容包括：

(1) 已有水库全部工程信息录入平台，实行基础信息电子化。

(2) 配合相关水行政部门或第三方技术部门，接入水库自动观测设施，包括雨水情设施、水库安全监测设施、视频监控设施等，实现雨水情和安全监测自动化，实时把控水库整体运行状态。

(3) 配套开发手机 App 巡查软件，并通过平台实行巡视检查打卡轨迹化，巡查情况及时上报信息化，实现透明高效的日常巡查管护。

(4) 小型水库物业化管理服务企业实施的所有小型水库物业化管理服务过程资料记录全部录入信息化平台，包括制度建设、巡视检查、安全监测、维修养护等记录资料，并向相关水行政部门信息透明，随时监管。

(5) 鼓励小型水库物业化管理服务企业实行水库工程数字孪生建设，如采用无人机巡查、无人机测绘建模、三维可视化展示平台等方式实施水库数字孪生建设。

（八）安全管理

1. 一般规定

(1) 小型水库管护实行购买服务后，工程安全管理责任主体不变。

(2) 小型水库物业化管理服务企业负责其工作范围内的工程安全管理与安全生产管理工作，并协助水库主管部门和管理单位做好工程安全管理。

(3) 小型水库物业化管理服务企业应建立安全管理制度，落实安全责任制，加强安全生产管理工作。

2. 工程安全管理

(1) 小型水库物业化管理服务企业应制定汛期值班值守制度，遇连续暴雨、大暴雨、库水位快速上涨或高水位时，应安排水库巡查管护人员或技术负责人参与水库 24 小时值班值守。

(2) 小型水库物业化管理服务企业应按照工作权限及时阻止破坏和侵占水利工程、污染水环境以及其他可能影响人员安全、工程安全和水质安全的行为，并及时报告购买主体或水库管理单位。

(3) 小型水库物业化管理服务企业应按照安全管理（防汛）应急预案的要求，参加水库大坝突发事件应急处置，负责巡视检查、险情报告和跟踪观测，配合开展工程抢险和应急调度，参与应急演练。

（4）严格贯彻"安全第一、常备不懈、讲究实效、定额储备"的原则，对防汛抢险物资进行管理。

（5）防汛抢险物资存放应分区分类、整齐划一、合理堆放，确保调用方便。

（6）管护人员要了解防汛抢险物资性能，注意防汛抢险物资的日常化维护与保养，保证防汛抢险物资完好无损。

（7）建立防汛抢险物资盘点制度，对防汛抢险物资进行定期盘点，做到心中有数。

（8）规范防汛抢险物资出入库登记手续，健全防汛抢险物资台账和管理档案，做到实物、台账相符。

（9）防汛抢险储备物资属专项储备物资，必须"专物专用"，未经水库主管部门批准同意，任何单位和个人不得擅自动用。

3. 安全生产管理

（1）小型水库物业化管理服务企业应明确安全生产责任，建立安全防火、安全保卫、安全技术教育、事故处理与报告等安全生产管理制度。

（2）小型水库物业化管理服务企业应开展安全生产教育和培训，特种作业人员应持证上岗。

（3）在机械传动部位、电气设备等危险部位应设有安全警戒线或防护设施，安全标志应齐全、规范。

（4）应按规定定期对消防用品、安全用具进行检查、检验，确保其齐全、完好、有效。

（九）档案管理

1. 一般规定

（1）小型水库物业化管理服务企业应按照《水利档案工作规定》（水办〔2020〕195号）、《水利科学技术档案管理规定》（水办〔2010〕80号）等相关规定开展档案管理工作，提倡实行档案管理数字化。

（2）小型水库物业化管理服务企业应健全档案管理制度，落实档案（资料）管理人员；设置专用的档案库房或专用档案柜，做好档案资料除尘防腐、虫霉防治、防火防盗、照明管理等工作。

（3）合同期内小型水库物业化管理服务企业应根据购买主体的要求和合同约定开展定期和临时档案移交工作。合同期满后，购买服务档案资料应全部移交给购买主体。

2. 档案归档要求

（1）归档档案资料分为综合类和技术类。

（2）每项工作结束后，档案（资料）管理人员应及时将归档的文件材料收集齐全，核对准确，整编归档。

（3）归档的文件材料应字迹清晰、耐久、签署完备，不得采用铅笔、圆珠笔和复写纸书写。

（4）档案资料整编应做到分类清楚，存放有序，方便使用。

（5）服务企业应健全档案管理制度，落实档案（资料）管理人员，设置专用的档案柜。档案资料应做到分类清楚、存放有序，方便使用。

（6）合同期内服务企业应根据购买主体的要求和合同约定开展定期和临时档案移交工作。合同期满后，服务企业档案资料应全部移交给购买主体。

（7）每项工作结束后，档案管理人员应及时将归档的文件材料收集齐全，核对准确，整编归档。日常巡查形成巡查日志，每年成册一本；日常维修形成维修记录，每年成册一本；年度形成总结工作报告，一库一册。

（十）标准化管理

小型水库物业化管理服务企业应参照《云南省小型水库工程标准化管理评价标准（试行）》，从工程状况、安全管理、运行管护、管理保障四个主要方面开展小型水库物业化管理，确保所管理水库基本达到县级标准化管理工程评价要求，具备实施信息化管理的水库应纳入信息化管理，提升小型水库信息化管理水平。主要要求如下：

（1）明确考核标准，根据《云南省小型水库工程标准化管理评价标准（试行）》制定考核评分表，按照标准化的要求和内容进行考核。

（2）编制水库标准化工作手册，统一工作流程。

（3）培训和教育全覆盖。

（4）执行和监控，按照标准执行工作，并定期对工作进行检查和监控，确保标准有效执行。

（5）持续改进，根据水库实际情况和需求的变化，不断改进制度和流程，提供标准化管理质量。

七、主要目标

××县××座小型水库［其中小（1）型水库××座，小（2）型水库××座］实现物业化管理、专业化管护，有效缓解水库工程管理中存在的人员不足、技术力量薄弱、管理不规范等现状问题，最终实现"四个转变"，即责任从"有名"到"有实"转变、管理从"散乱"到"规范"转变、维养从"业余"到"专业"转变、效益从"单一"到"多元"转变。

八、组织实施

（一）购买服务内容

购买服务内容主要包括小型水库工程的巡视检查、维修养护、安全监测、运行操作等技术性工作，以及保洁、割草等劳务性工作。

（二）购买方式

由××县水务局对小型水库整体打包经过公开招投标确定中标小型水库物业化管理服务企业，由小型水库物业化管理服务企业与县水务局签订小型水库物业化管理服务合同。合同原则上一年一签，如当年度小型水库物业化管理服务企业考核结果合格，可以直接续签小型水库物业化管理服务合同。

（三）小型水库物业化管理服务岗位设置及人员要求

小型水库物业化管理服务企业项目部应根据承担的任务设立项目负责、技术负责、巡查操作运行岗、安全监测等岗位，并履行相应职责。各岗位上岗前应进行岗前培训，并应根据专业管理需要，每年至少接受1次业务培训，并考核合格。

1. 项目负责岗位

主要职责：贯彻执行有关法律法规、技术标准及水库主管部门、管理单位（产权所有者）的决定、指令；全面负责管护服务工作，制定和实施年度管护服务工作计划；建立健全管护服务各项规章制度；负责处理日常事务，协调各种关系；加强职工教育，提高职工素质，不断提高管理水平。

任职条件：熟悉有关法律法规和技术标准；掌握水利工程管理的基本知识；具有较强的组织、协调和语言文字表达能力。

2. 技术负责岗位

主要职责：负责水库安全运行管理的技术工作；指导巡查操作运行人员开展巡查操作运行工作，并参与有关检查考核工作；负责工程技术资料的收集、整编、保管等管理工作；报告异常情况，指导并参与工程问题及异常情况调查处理，提出有关意见与建议，并采取应急措施。

任职条件：取得水利相关专业工程师以上技术职称；熟悉水库安全运行管理的法律法规和技术标准；掌握水库运行管理和水工建筑物方面的专业知识；具有分析解决水库运行管理中常见技术问题的能力。

3. 监控管理岗位

主要职责：遵守规章制度和相关技术标准；承担水库安全运行监控观测工作；管理、应用、保存水库运行和安全监测记录，整理运行和监测资料；承担水库安全运行和维修养护日常管理工作。

任职条件：工程类本科以上学历或取得工程类初级及以上专业技术职称，并经相应岗位培训合格，持证上岗；了解水工建筑物及大坝监测的基本知识，具有分析处理水库安全运行常见问题的能力。

4. 巡查操作运行岗位

主要职责：负责大坝巡查工作，履行水库防汛巡查责任人职责；负责大坝日常巡查，发现异常情况及时报告；负责防汛值班值守；遵守规章制度和操作规程，按调度指令进行闸门启闭作业、斜涵等蓄放水操作；承担闸门、启闭机等机电设备的运行工作；填写、保存、整理操作运行记录。

任职条件：年龄 18 周岁以上、65 周岁以下，身体健康，责任心强；初中及以上学历；经相应岗位培训合格，持证上岗；掌握巡查工作内容及要求，熟练使用水库巡查 App；了解水库运行管理和水工建筑物基本知识，具有发现、处理运行中常见问题的能力；掌握闸门启闭机的操作及保养技能，具有分析处理机电设备常见问题的能力。

5. 人员设置

项目部管理单个工程的，每类上岗人员不应少于 1 人；项目部同时管理多个工程的，在满足运行安全、服务质量的前提下，上岗人员数量可根据实际情况，在单个工程定员数量累计总和的基础上适当调整，但平均每 80 座水库应配备 1 名以上技术负责人员，每座小（1）型、小（2）型水库应落实 1 名以上巡查管护人员。

6. 设备设施配备、人员设置标准

（1）服务企业要具有独立企业法人资格。

（2）应配备能满足小型水库物业服务管理所需要的仪器设备。

（3）小型水库物业化管理服务企业聘用的小型水库巡查责任人年龄一般为 18 周岁以上、55 周岁以下，要求初中文化水平及以上，责任心强，热爱水利事业，身体健康。

7. 水库管护人员专业知识培训标准

（1）小型水库物业化管理服务企业要组织水库管护人员完成水利部专业知识网络培训，确保管护人员持证上岗。

（2）每年 3 月前完成水库管护人员的统一集中培训，采用理论培训和实地教学相结合方式，确保相关人员能够及时掌握所承担的水库工程特性、工程运行历史资料、安全隐患、上下游情况、防洪调度和应急抢险预案等基本情况和机电设施操作、维修养护方法，以及大坝险情的应急处置方法。

（3）小型水库物业化管理服务企业对调整更换的水库管护人员进行培训。

九、责任分工

按照"属地管理、分级负责、失职追责"的原则，纳入物业化管理的水库所有权（产权）和安全管理责任主体不变。

（1）县人民政府负责落实小型水库安全行政管理责任人，并明确其职责，协调相关部门做好小型水库安全管理工作。

（2）县水务局一方面对全县小型水库实施安全监督检查，对管理人员进行技术指导与安全培训。另一方面作为小（1）型以上水库的主管部门，负责水库的安全管理。

（3）各乡镇人民政府作为小（2）型水库的主管部门，依然履行辖区内小（2）型水库的防汛和安全责任。负责防汛抗旱指挥机构的组建，抢险措施的落实，人员配备、物资储备和应急演练。遭遇突发汛情，旱情迅速上岗到位，靠前指挥，第一时间赶赴现场开展救援，避免人员伤亡和财产损失。负责组织汛期隐患排查，维护除水库大坝以外的沟渠等水利设施，落实好与水库安全有关的宣传教育、做好水库防护措施，全方位防控，消除一切安全隐患，坚决遏制各类溺水事件的发生。

（4）各乡镇人民政府配合县水务局定期对小型水库物业化管理服务企业进行检查考核，根据考核结果和合同约定实施奖罚。对考核优良的小型水库物业化管理服务企业给予奖励，对考核不合格的小型水库物业化管理服务企业应责令整改，三次整改不到位的终止履行合同。

（5）小型水库物业化管理服务企业负责对小型水库开展物业化管理服务，落实水库管护责任，健全管护制度，做好相关技术咨询服务。根据安全管理责任和服务合同约定履行职责，执行小型水库工程安全运行管理规范规章制度，组织管护人员的线上线下培训，完成所承担的小型水库工程物业管理工作，按时按质开展日常维护，并配合相关部门检查及组织整改，做好水库日常安全运行。

十、保障措施

（一）组织保障

为全面抓好××县小型水库物业化管理服务的相关工作，确保各项工作有序推进，落到实处，县水务局要对小型水库物业化管理服务提供技术指导，积极向省、市主管部门申报小型水库维修养护项目，争取小型水库物业化管理服务资金，要落实好对小型水库物业化管理服务企业的行业监管责任；要严格按照与中标小型水库物业化管理服务企业签订的合同条款对小型水库物业化管理服务企业进行监管，对管理效果进行考核。

（二）资金保障

省水利厅积极鼓励和大力支持地方水行政主管部门探索小型水库专业化管护模式的实践，通过中央和省财政小型水库维修养护补助资金、地方财政配套资金、水费收入、水面开发利用收入等解决小型水库物业化管理服务资金来源。

按照市场价格，××县××座小（1）型水库每年每座不超过××万元，××座小（2）型水库每年每座不超过××万元，××座小型水库年总服务费用不超过××万元。

十一、考核办法

小型水库物业化管理服务和水库安全运行情况由所属乡镇主管部门按季度、县水务局按年度对小型水库物业化管理服务企业合同履行情况进行考核。小型水库物业化管理服务企业应接受乡镇主管部门和县水务局的考核。

（一）考核办法

小型水库物业化管理服务考核标准按照《云南省小型水库工程标准化管理评价标准（试行）》，初步制定小型水库物业化管理服务考核办法和考核评分表（试行）开展考核。小型水库物业化管理服务考核实行不定期抽查、季度定期考核和年度考核相结合的考核制度。季度考核作为核发进度款的标准，年度考核作为考虑与小型水库物业化管理服务企业续签下一年度合同的参考条件。具体如下：

（1）合同签订后 10 天内支付合同金额 20％的预付款。

（2）季度考核分数大于 800 分（含）的为考核优秀，考核季度次月核拨合同金额 20％进度款。

（3）季度考核分数大于 700 分（含）小于 800 分的为考核良好，考核季度次月核拨合同金额 20％进度款。

（4）季度考核分数大于 600 分（含）小于 700 分的为考核合格，扣减进度款的 5％后，考核季度次月核拨季度进度款。

（5）季度考核分数 600 分以下的为考核不合格，小型水库物业化管理服务企业应积极整改，经整改后考核达标的，扣减进度款的 5％后，考核季度次月核拨季度进度款；整改后考核仍不达标，且连续两季度考核均不达标的，购买主体可终止服务合同。

（6）每次付款前，小型水库物业化管理服务企业应当按照有关要求提供增值税普通发票，否则购买主体可拒绝拨付进度款。

（二）小型水库物业化管理服务企业的奖罚制度

对工作到位、责任心强的小型水库物业化管理服务企业，给予行业五星服务评价。三个季度考核为优秀，其他季度考核为达标及以上的年度考核为优秀，由××县水行政主管部门优先推荐为小型水库物业化管理服务企业。

小型水库物业化管理服务企业相关人员要认真履行工作职责：不按要求进行巡查、记录不规范、汇报不及时；将视情况，根据签订的小型水库物业化管理服务合同进行考核及责任追究；小型水库物业化管理服务企业对不履行管理职责或履行管理职责不到位的管理人员，按照有关规定进行处理，造成严重后果的，应依法追究相关法律责任。

小型水库物业化管理服务合同范本

合同编号：

××县小型水库物业化管理服务合同

甲方（购买主体）：＿＿＿＿＿＿＿＿＿＿＿

乙方（承接主体）：＿＿＿＿＿＿＿＿＿＿＿

签订地点：＿＿＿＿＿＿＿＿＿＿＿＿＿＿

签订日期：　　年　月　日

根据《中华人民共和国招标投标法》《中华人民共和国民法典》等有关法律法规规定，甲方（委托方）经公开招标方式确定乙方（服务方）为××县小型水库物业化管理服务项目（招标编号：＿＿＿＿＿＿＿＿＿＿）的中标单位，经协商一致，签订本合同。

下述文件作为附件，是合同的一部分，并与本合同一起阅读和解释：

a. 招标文件。

b. 投标文件及澄清文件、询标纪要（承诺书）。

c. 中标通知书。

d. 技术标准及要求。

e. 经双方确认进入合同的其他文件。

一、合同内容

××县开展物业化管理服务的小型水库共计××座，其中，小（1）型水库××座、小（2）型水库××座。主要服务内容包含：制度建设、巡视检查、值班值守、安全监测、维修养护、操作运行、信息化建设、安全管理、档案管理、标准化管理、安全监测、值班值守、其他。

服务内容：

（1）制度建设。建立健全各项管理制度，包括：岗位责任制度、巡视检查制度、安全监测制度、维修养护制度、运行操作制度、值班制度、报告制度、物资管理制度、档案管理制度、安全责任制度、应急管理制度等。

（2）巡视检查。汛期：小（1）型水库每天不少于1次，小（2）型水库每两天不少于1次；非汛期：每周不少于1次；并做好相关记录。遇高水位、水位突变、地震等特殊情况，以及汛期、寒暑假等时期应增加检查次数。要通过手机 App 巡查，及时上传巡查路线和隐患照片并及时准确填写巡查记录。发现险情、隐患和违章违法行为应立即向管理单位负责人和技术责任人报告。

（3）值班值守。为使各项水利工程在汛期能安全度汛和安全运行，每年汛期，小（1）型水库实行 24 小时值班值守，小（2）型水库遇突降暴雨、连续降雨、库水位接近汛限水位时进行 24 小时值班值守，汛期时间有调整的，按上级公布的汛期时间执行，遇连续暴雨、大暴雨、库水位快速上涨或高水位时，应安排水库巡查管护人员或技术负责人参与水库 24 小时值班值守。

（4）安全监测。①安全监测内容：环境量监测项目包括库水位观测和降雨量观测。变形监测包括位移观测和裂缝观测。渗流监测包括渗漏量观测和渗流压力观测。②安全监测频次安排：库水位监测汛期 1 次/2 天，非汛期 1 次/周，降雨量监测汛期 1 次/2 天，非汛期 1 次/周。渗流量监测 1 次/周，测压管水位监测 1 次/周，坝体位移、沉降监测 1 次/3月。③资料及时整编归档。

（5）维修养护。做好维修养护计划，拟定的大坝、金属结构和电气设备、管理设施及管理区的日常养护标准符合相关规程、规范、标准和规定要求。2000 元及以下的单件工程由乙方负责相关维养，并做好工程维修养护有关资料的收集、整理、归档等。2000 元以上的单件工程维修养护由乙方上报水库管理单位向上级申请资金解决。

（6）操作运行。①编制应急预案和调度规程，预案和规程科学合理，适用性和可操作性强。②制定切实可行的运行操作规程，悬挂在操作岗位醒目位置。③运行操作岗位培训合格后方可上岗。④如实填写运行操作记录，记录本应放置于操作岗位醒目位置，所有运行操作均应记录在案并按月分册存档。

（7）信息化建设。①实行信息电子化，配合相关水行政部门或第三方技术部门，接入水库自动观测设施，包括雨水情设施、水库安全监测设施、视频监控设施等；②配套开发手机 App 巡查软件，并通过平台实行巡视检查打卡轨迹化，巡查情况及时上报信息化，实现透明高效的日常巡查管护。

（8）安全管理。小型水库物业化管理期间，工程安全管理责任主体不变。乙方负责其工作范围内的工程安全管理与安全生产管理工作，并协助甲方和管理单位做好工程安全管理。乙方应建立安全管理制度，落实安全责任制，加强安全生产管理工作。

（9）档案管理。健全档案管理制度，落实档案（资料）管理人员。乙方根据合同约定开展定期和临时档案移交工作。每项工作结束后，档案管理人员应及时将归档的文件材料收集齐全，核对准确，整编归档。日常巡查形成巡查日志，每年成册一本；日常维修形成维修记录，每年成册一本；年度形成总结工作报告，一库一册。

（10）标准化管理。应编制水库标准化工作手册，统一工作流程，开展培训和教育。参照《云南省小型水库工程标准化管理评价标准（试行）》，从工程状况、安全管理、运行管护、管理保障、信息化建设五个主要方面开展小型水库物业化管理，在开展过程中，根据水库实际情况和需求的变化，不断改进制度和流程，确保所管理水库基本达到县级标准化管理工程评价要求。

二、合同期限及履行地点

（1）合同期限：从____年____月____日起至____年____月____日止。

（2）履行地点：××市××县境内。

三、甲方的权利义务

（1）甲方组织水库管理单位对乙方服务成果实行考核验收，并不定期抽查。考核验收按招标文件确定的《考核验收办法》《评分细则》执行。

（2）甲方有权要求乙方整改不符合合同内容、规章制度和违反程序的操作，并与乙方签订安全生产目标责任书。

（3）如遇工程建设、机构调整等导致管护服务内容发生增减的，增减费用由甲乙双方协商解决。

（4）甲方提供管养服务必需的预报预测、安全监测、管理用房、通信报警、抢险道路等管理设施，提供相关技术资料，合同结束时，乙方应配合做好清场、恢复、交接等相关工作，否则甲方有权扣留剩余合同款。

（5）甲方应组织乙方参加水库调度运用方案、安全管理（防汛）应急预案演练（推演）及业务培训；监督乙方合同完成情况。

（6）甲方需遵守廉政纪律，不得利用职务上的便利，违反国家规定，收受各种名义的回扣、手续费等不正当利益，并与乙方签订廉政责任书。

（7）甲方收到乙方上报的溢洪道私设拦挡、库区内拉网养殖等影响水库度汛安全等情况时，应及时予以协调处置，必要时，乙方可配合甲方开展处置工作，因甲方未及时处置，导致发生水库度汛安全事故的，乙方不承担责任。

（8）甲方应按本合同约定向乙方支付服务费用。

四、乙方的权利义务

（1）乙方要加强对工作人员的培训和教育，维护好工程设施设备，确保安全工作，杜绝各类事故。甲方要求完成的紧急工作任务，乙方必须无条件调动人员，保证完成工作。

（2）按要求配好工作人员，相关人员要持证上岗，确保工作质量，若甲方提出整改意见，乙方应立即予以整改。

（3）乙方工作人员须穿统一工作服装，以示上岗，接受甲方监督。

（4）乙方应为每一位职工缴纳人身意外险，如乙方不为职工办理人身意外险的，产生的一切后果由乙方自行负责。

（5）乙方应接受甲方的日常监督和管理；建立管养制度，承担小型水库防汛技术责任人和巡查责任人的职责，协助做好安全管理有关工作；开展大坝巡视检查和安全监测，发现工程异常、险情和违章行为，及时报告并采取应急处置措施；做好大坝日常养护和安全防护；按照调度指令和规程运行操作，并做好记录；坚持防汛值班值守，按时报送雨水情信息；参加水库调度运用方案、安全管理（防汛）应急预案演练（推演）及业务培训；建立工程技术档案，做好档案资料整编、存档、移交等工作；开展服务工作自检自评。

（6）乙方需遵守廉政纪律，不得向甲方工作人员提供任何回扣、手续费等商业贿赂，不得为谋取不正当利益而实施违反商业竞争及公平交易的行为。

（7）乙方应按合同约定指派（项目负责人/技术负责人），并在合同约定服务期限内到岗。服务期限内，乙方（项目负责人/技术负责人）每月驻现场的天数不少于 20 天，每少一天支付违约金 50 元。上述违约金在当期结算款中直接扣除，连续 2 个月及以上每月驻现场的天数少于 15 天，甲方有权解除合同，驻现场天数按甲方考勤记录为准。项目负责人、技术负责人及物业骨干人员不得擅自更换，确需更换的，应征得甲方的同意，且更换后的人员不得低于原投标承诺人员所具有的资格和业绩条件。

（8）乙方应严格按合同约定和有关规定开展服务活动，严禁将服务内容转包、分包。

（9）乙方需监管好水库管理人员，应依法开展水库日常运行管护工作，不得以管理人员身份进行违法犯罪活动，如实施违法犯罪活动造成的后果由乙方承担。

（10）委托管护期间，乙方应做好小型水库的维修养护，单项工程大于人民币 2000 元维修养护费用不纳入本合同范畴，由乙方上报甲方向上级申请资金解决。

（11）因乙方无执法权，乙方管理人员仅对进入水库游泳、嬉戏、钓鱼的人员具有劝阻不得进入的义务，但不对因擅自进入水库游泳、嬉戏、钓鱼等行为导致的人员溺水事故承担赔偿责任。对劝阻不听者，要及时上报有执法权的上级主管单位和甲方负责人。

（12）若甲方延迟付款届满三个月，则乙方将暂停履行本合同约定的服务事项，直至甲方完成付款。

（13）若甲方延迟付款届满六个月，则乙方有权单方面解除本合同。

五、质量标准和考核验收办法

（1）按附件《考核验收办法》《评分细则》执行。

（2）在履约保证期间，乙方应对出现的质量及安全问题负责处理解决并承担一切费用（不可抗力的除外）。

六、履约保证

（1）签订合同前，乙方向甲方缴纳履约担保。

1）履约担保的形式：银行转账、保函或保险。

2）履约担保的金额：按合同金额的 5%，即人民币（小写）¥：＿＿＿＿＿元（大写：＿＿＿＿＿）。

3）履约担保提交时间：在合同签订前提交履约担保。

4）退还期限及方式：履约担保在合同履行结束后退还。

（2）因乙方原因导致本合同被解除的，乙方应当承担相应责任。造成甲方损失的，甲方有权要求从乙方提供的履约担保中扣除相应款项。

七、合同金额及支付方式

（1）合同金额：人民币（小写）¥：＿＿＿＿＿元（大写＿＿＿＿＿），最终结合考核情况结算。

（2）本合同总价款所含费用包括：本项目所需的设备、人工、交通、材料、管理费、水库运行电费、税费、利润等全部费用。

（3）付款方式：

根据《××县小型水库物业化管理服务项目实施方案》，物业管理费用支付按日常检查、定期抽查、年度考核评定结果和承包合同，向各相关乡镇人民政府（街道办事处）、水库管理单位申请考核，由各相关乡镇人民政府、水库管理单位考核完成后，将相关考核材料报送甲方支付物业管理费用。签订合同后，乙方人员到位、设备配备齐全，10 个工作日内完成首次付款，首次付款金额为当年合同金额的 20%。进度款每季度申报一次，每次申报金额为全年物业化管理费用的 20%。

季度考核分数在 800 分（含）以上的为考核优秀，季度考核次月核拨合同金额 20%进度款。

季度考核分数在 700 分（含）以上 800 分以下的为考核良好，季度考核次月核拨合同金额 20%进度款。

季度考核分数在 600 分（含）以上 700 分以下的为考核合格，扣减进度款的 5%后，季度考核次月核拨进度款。

季度考核分数在 600 分以下的为考核不合格，乙方应积极整改，经整改后考核达标的，扣减进度款的 5%后，季度考核次月核拨进度款；乙方整改后考核仍不达标的，甲方可解除服务合同。

　　每次付款前，乙方应当按照甲方要求提供增值税普通发票及其他拨款资料，否则甲方有权拒绝付款，且不承担任何违约责任。

八、税费

　　本合同执行中相关的一切税费均由乙方承担。

九、合同的变更与终止

　　（1）合同的变更与提前终止必须采用书面形式。
　　（2）本合同规定的履行期限届满，合同自行终止。
　　（3）在合同履行过程中，如遇不可抗力的因素，双方协商以补充合同方式解决。
　　（4）合同内容变更、提前终止必须提前一个月书面通知对方。

十、转包或分包

　　（1）中标人不得向他人转让中标项目，也不得将中标项目肢解后分别向他人转让。
　　（2）除非得到甲方的书面同意，乙方不得将中标项目分包给他人完成。
　　（3）如有转让和未经甲方同意的分包行为，甲方有权解除合同，没收履约保证金并追究乙方的违约责任。

十一、质量保证及后续服务

　　（1）乙方按采购文件规定向甲方提供服务。
　　（2）若乙方在服务期间，发生下列情形之一的，将被解除服务合同，由此造成的全部责任和损失由乙方承担。
　　1）县级及以上水行政主管部门或购买主体监督检查或考核不合格的。
　　2）出现重大问题或重大事故造成严重影响的。
　　因上述原因被解除合同的乙方不得参加本项目下一轮次的投标活动。

十二、知识产权

　　乙方应保证提供服务过程中不会侵犯第三方的知识产权和其他权益。如因此发生任何针对甲方的争议、索赔、诉讼等，产生的一切法律责任与费用均由乙方承担。

十三、保密条款

　　乙方对合同内容及履行合同过程中获悉的属于甲方的且无法自公开渠道获得的文件及资料，应负保密义务，非经甲方书面同意，不得擅自利用或对外发表或披露。违反前述约定的，乙方应向甲方支付违约金 5 万元；违约金不足以弥补甲方损失的，乙方还应负责赔偿。保密期限自乙方接受或知悉甲方信息资料之日起至该信息资料公开之日或甲方书面接触乙方保密义务之日止。

十四、违约责任

（1）在本合同履行过程中发生下列情形之一的，视为乙方违约，甲方有权单方解除本合同，乙方须向甲方支付年度合同价款5%的违约金，若违约金不足以弥补甲方实际遭受的损失，则由乙方赔偿不足部分损失：

1）甲方对乙方服务成果经2次不定期抽查考核未符合《考核验收办法》《评分细则》的。

2）乙方擅自更换项目负责人、技术负责人及物业骨干人员的。

3）乙方每月驻现场的天数不足15天，连续2个月及以上的。

4）发生乙方向甲方工作人员提供任何回扣、手续费等商业贿赂行为的。

5）乙方谋取不正当利益而实施违反商业竞争及公平交易的行为的。

6）乙方开展大坝巡视检查和安全监测，如发现工程异常、险情和违章行为，未按要求时限报告或未采取应急处置措施，造成安全事故或险情的。

7）乙方未按本合同约定的工作内容或频次进行养护服务的。

8）因乙方原因未建立工程技术档案或者造成档案资料缺失的。

9）乙方未经甲方允许擅自将本合同服务内容转包、分包的。

10）乙方不履行本合同约定义务的其他情形的。

（2）在本合同履行过程中发生下列情形之一的，视为甲方违约，乙方有权单方解除本合同，甲方须向乙方支付年度合同价款5%的违约金，若违约金不足以弥补乙方实际遭受的损失，则由甲方赔偿不足部分损失：

1）甲方迟延付款届满6个月。

2）经乙方函告，甲方未对在溢洪道人为私自加设拦挡等影响水库安全运行行为开展水行政执法，导致乙方无法正常开展服务的。

3）甲方谋取不正当利益而实施违反商业竞争及公平交易的行为的。

4）甲方不履行本合同约定义务的其他情形的。

十五、不可抗力事件处理

（1）在合同有效期内，任何一方因不可抗力事件导致不能履行合同，则合同履行期可延长，其延长期与不可抗力影响期相同。

（2）本条所述的"不可抗力"系指双方不可预见、不可避免、不可克服的事件，但不包括双方的违约或疏忽。这些事件包括但不限于：战争、严重火灾、洪水、台风、地震、国家政策的重大变化，以及双方商定的其他事件。

（3）不可抗力事件发生后，应立即通知对方，并寄送有关权威机构出具的证明。

（4）不可抗力事件延续120天以上，双方应通过友好协商，确定是否继续履行合同。

十六、约谈

一旦出现以下情形的，甲方除根据本合同约定的《考核验收办法》对乙方进行相关处罚外，还将视情形召集乙方相关负责人现场约谈。

（1）发生重大安全生产事故但未造成重大人员伤亡或财产损失。

（2）无法对发现问题及时分析、协助制定应急方案和修复计划。

（3）对在小型水库管理范围进行堆放物料、倾倒垃圾、爆破、打井、采石、取土等影响工程运行和危害工程安全的行为，未及时发现、制止并通知甲方。

（4）对在小型水库保护范围内进行爆破、打井、采石、取土、挖砂、开矿等影响水利工程运行和危害水利工程安全的活动，未及时发现、制止并通知甲方。

（5）任何设备软件装入及接入系统前未经甲方审核批准。

（6）合同所列所有人员未按应急响应任务要求时间，延时到岗超过 30 分钟。

（7）未根据放水预警方案及时预警。

（8）闸门操作人员接受指令后，非不可抗拒因素造成闸门未及时启与闭，延时超过 30 分钟。

（9）需持证上岗的人员无证操作。

（10）闸门启闭机操作，未按要求派员上岗，运行期间人员擅自脱岗。

（11）其他甲方认为非常必要约谈的情形。

十七、法律适用及争议解决

（1）本合同订立、解释、履行及争议解决，均适用中华人民共和国法律。

（2）因合同执行过程中双方发生纠纷，可由双方协商解决或由双方主管部门调解，若达不成协议，双方同意就本合同产生的纠纷向项目所在地仲裁委员会申请仲裁。当事人双方不在合同中约定仲裁机构的，事后又没有达成书面仲裁协议的，可向有管辖权的人民法院起诉。

十八、合同生效及其他

（1）合同经双方法定代表人或授权代表签字、加盖单位公章且支付履约保证金后生效。

（2）合同执行中涉及资金和服务内容修改或补充的须符合财务管理办法，并签书面补充协议报主管部门备案，方可作为主合同不可分割的一部分。

（3）本合同未尽事宜，遵照《中华人民共和国招标投标法》《中华人民共和国民法典》有关条文执行。

（4）本合同正本一式＿＿陆＿＿份，具有同等法律效力，甲乙双方各执＿＿叁＿＿份。

（以下无正文内容）

附件1　××县小型水库物业化管理考核办法
附件2　××县小型水库物业化管理廉政责任书
附件3　××县小型水库物业化管理安全生产责任书

甲方（盖章）：	乙方（盖章）：
法定代表人/委托代理人（签名）：	法定代表人/委托代理人（签名）：
经办人（签名）：	经办人（签名）：
地址：	地址：
邮政编码：	邮政编码：
电话：	电话：
传真：	传真：
开户银行：	开户银行：
账号：	账号：
统一社会信用代码：	统一社会信用代码：
年　　月　　日	年　　月　　日

附件 1　××县小型水库物业化管理考核办法

小型水库物业化管理服务和水库安全运行情况由所属乡镇主管部门按季度、县水务局按年度对小型水库物业化管理服务企业合同履行情况进行考核。小型水库物业化管理服务企业应接受乡镇主管部门和县水务局的考核。

一、考核办法

小型水库物业化管理服务考核标准按照《云南省小型水库工程标准化管理评价标准（试行）》，初步制定小型水库物业化管理服务考核办法和考核评分表（试行）开展考核。小型水库物业化管理服务考核实行不定期抽查、季度定期考核和年度考核相结合的考核制度。季度考核作为核发进度款的标准，年度考核作为考虑与小型水库物业化管理服务企业续签下一年度合同的参考条件。具体如下：

（1）合同签订后 10 天内支付合同金额 20％作为首次付款。

（2）季度考核分数大于 800 分（含）的为考核优秀，考核季度次月核拨合同金额 20％进度款。

（3）季度考核分数大于 700 分（含）小于 800 分的为考核良好，考核季度次月核拨合同金额 20％进度款。

（4）季度考核分数大于 600 分（含）小于 700 分的为考核合格，扣减进度款的 5％后，考核季度次月核拨季度进度款。

（5）季度考核分数 600 分以下的为考核不合格，小型水库物业化管理服务企业应积极整改，经整改后考核达标的，扣减进度款的 5％后，考核季度次月核拨季度进度款；整改后考核仍不达标，且连续两季度考核均不达标的，购买主体可终止服务合同。

（6）每次付款前，小型水库物业化管理服务企业应当按照有关要求提供增值税普通发票，否则购买主体可拒绝拨付进度款。

二、小型水库物业化管理服务企业的奖罚制度

对工作到位、责任心强的小型水库物业化管理服务企业，给予行业五星服务评价。三个季度考核为优秀，其他季度考核为达标及以上的年度考核为优秀，由××县水行政主管部门优先推荐为小型水库物业化管理服务企业。

小型水库物业化管理服务企业相关人员要认真履行工作职责；不按要求进行巡查、记录不规范、汇报不及时；将视情况，根据签订的小型水库物业化管理服务合同进行考核及责任追究；小型水库物业化管理服务企业对不履行管理职责或履行管理职责不到位的管理人员，按照有关规定进行处理，造成严重后果的，应依法追究相关法律责任。

附件 2 ××县小型水库物业化管理廉政责任书

为了搞好项目实施中的党风廉政建设，促进党员干部廉洁自律，保证项目安全优质高效。防止谋取不正当利益的违法违纪现象的发生，＿＿＿＿＿＿＿＿＿（以下简称"甲方"）与＿＿＿＿＿＿＿＿＿（以下简称"乙方"）订立如下廉政责任书。

第一条 甲乙双方的权利和义务

（一）严格遵守党和国家有关法律法规及上级的有关廉政规定。

（二）严格执行建设工程施工的合同文件，自觉按合同条款办事。

（三）双方的业务活动坚持公开、公正、诚信、透明的原则（除法律认定的商业秘密和合同文件另有规定之外），不得损害国家、集体利益和违反工程建设管理规章制度。

（四）建立健全廉政制度，开展廉政教育，监督并认真查处违法违纪行为。

（五）发现对方在业务活动中有违反廉政规定的行为，有及时提醒对方纠正的权利和义务。

（六）发现对方有严重违反本合同条款的行为，有向其上级有关部门举报、建议给予处理并要求告知处理结果的权利。

第二条 甲方的义务

（一）甲方及其工作人员不得索要或接受乙方的礼金、有价证券和贵重物品，不得在乙方报销任何由甲方或个人支付的费用。

（二）甲方工作人员不得参加乙方安排的宴请和娱乐活动；不得接受乙方提供的通信工具、交通工具和高档办公用品。

（三）甲方及其工作人员不得要求或接受乙方为其住房装修、婚丧嫁娶、子女配偶的工作安排以及出国出境、旅游等活动提供方便。

（四）甲方工作人员配偶、子女不得从事与甲方工程有关的材料设备供应、工程分包、劳务等经济活动。

第三条 乙方的义务

（一）乙方不得以任何理由向甲方及其工作人员行贿或馈赠礼金、有价证券、贵重礼品。

（二）乙方不得以任何名义为甲方及其工作人员报销应由甲方单位或个人支付的任何费用。

（三）乙方不得以任何理由安排甲方工作人员参加宴请及其他娱乐活动。

（四）乙方不得为甲方单位和个人购置或提供通信工具、交通工具和高档办公用品等。

第四条 违约责任

（一）甲方及其工作人员违反本合同第一、二条，按管理权限，依据有关规定给予党纪或政纪处理；涉嫌犯罪的，移交司法机关追究刑事责任；给乙方单位造成经济损失的，应予以赔偿。

（二）乙方及其工作人员违反本合同第一、三条，依据有关规定给予组织处理；给甲方单位造成经济损失的，应予以赔偿；情节严重的，甲方建议给予经济处罚或移交司法机关追究刑事责任。

（三）甲方发现乙方违约、违纪或出现重大安全质量事故，给甲方造成损失的，应立即清除出场，并五年内不准在甲方单位投标揽活。

第五条　双方约定：本合同由双方负责监督执行。

第六条　本责任书有效期为甲乙双方签署之日起至合同履行完成止。

第七条　本责任书份数随主合同。由双方法定代表人或其授权的代理人签署与加盖公章后生效，全部合同履行完成后失效。

甲方：_____　　　　乙方：_____

法定代表人或　　　　　　　　　　法定代表人或

其授权的代理人：　　　　　　　　其授权的代理人：

日期：　　　　　　　　　　　　　日期：

附件 3 ××县小型水库物业化管理安全生产责任书

为保证项目实施过程中创造安全、高效的环境，切实做好本项目的安全管理工作，本项目业主＿＿＿＿＿＿＿＿（以下简称"甲方"）与中标人＿＿＿＿＿＿＿＿（以下简称"乙方"）特此签订安全生产责任书：

一、甲方职责

（1）严格遵守国家有关安全生产的法律法规，认真执行合同中的有关安全要求。

（2）按照"安全第一、预防为主、综合治理"和坚持"管生产必须管安全"的原则进行安全生产管理，做到生产与安全工作同时计划、布置、检查、总结和评比。

（3）定期召开安全生产调度会，及时传达中央及地方有关安全生产的精神。

（4）组织对乙方服务现场安全生产检查，监督乙方及时处理发现的各种安全隐患。

二、乙方职责

（1）严格遵守国家有关安全生产的法律法规及招标文件中有关安全生产的规定，认真执行合同中的有关安全要求。

（2）坚持"安全第一、预防为主、综合治理"和"管生产必须管安全"的原则，加强安全生产宣传教育，增强全员安全生产意识，建立健全各项安全生产的管理机构和安全生产管理制度，配备专职及兼职安全检查人员，有组织有领导地开展安全生产活动。各级领导、工程技术人员、生产管理人员和具体操作人员，必须熟悉和遵守本条款的各项规定，做到生产与安全工作同时计划、布置、检查、总结和评比。

（3）建立健全安全生产责任制。从派往项目服务人员的安全生产管理系统必须做到纵向到底、横向到边、一环不漏。项目服务现场负责人是安全生产的第一责任人。现场设置的安全机构，应按服务人员总数的 $1\%\sim3\%$ 配备安全员，专职负责所有员工的安全和治安保卫工作及预防事故的发生。安全机构人员，有权按有关规定发布指令，并采取保护性措施防止事故发生。

（4）乙方在任何时候都应采取各种合理的预防措施，防止其员工发生任何违法、违纪、暴力或妨碍治安的行为。

（5）乙方必须具有劳动安全管理部门颁发的安全生产证书，参加服务的人员，必须接受安全技术教育，熟知和遵守本工种的各项安全技术操作规程，定期进行安全技术考核，合格者方准上岗操作。对于从事电气、起重、建筑登高架设作业、锅炉、压力容器、焊接、机动车船艇驾驶、爆破、潜水、瓦斯检验等特殊工种的人员，经过专业培训，获得"安全操作合格证"后，方准持证上岗。服务现场如出现特种作业无证操作现象时，乙方必须承担管理责任。

（6）操作人员上岗，必须按规定穿戴防护用品。不按规定穿戴防护用品的人员不得上岗。

（7）所有机具设备和高空作业的设备均应定期检查，并有签字记录，保证其经常处于完好状态；不合格的机具、设备和劳动保护用品严禁使用。

（8）乙方必须按照本项目特点，组织制定本工程实施中的生产安全事故应急救援预案；如果发生安全事故，应按照《国务院关于特大安全事故行政责任追究的规定》以及其他有关规定，及时上报有关部门，并坚持"三不放过"的原则，严肃处理相关责任人。

（9）乙方必须定期对员工进行安全知识培训，强化安全意识，加强安全管理，确保安全，不得发生任何安全事故。

（10）管理服务过程中，乙方必须采取切实可行的安全措施，以避免人员伤亡和财产损失。管理服务过程中发生的人身伤害（含意外伤害）或财产损失的，一切损失均由乙方自行承担。

三、违约责任

如因甲方或乙方违约造成安全事故，将依法追究责任。

本责任书份数随主合同。由双方法定代表人或其授权的代理人签署与加盖公章后生效，全部合同履行完成后失效。

甲方：＿＿＿＿＿＿＿＿＿＿　　　　乙方：＿＿＿＿＿＿＿＿＿＿

法定代表人或　　　　　　　　　　　法定代表人或

其授权的代理人：　　　　　　　　　其授权的代理人：

日　期：　　　　　　　　　　　　　日　期：

小型水库物业化管理制度汇编

C.1 安全管理制度

第一条 水库物业化管理服务单位应成立安全生产与防火安全工作领导小组，全面负责安全生产工作，落实安全生产工作责任。

第二条 在各县（市、区）设立项目部，全面负责所管理水库的安全生产责任，确保物业化管理安全生产工作的顺利开展。

第三条 逐级签订安全生产责任书，加强安全生产监督考核，构建水库安全生产风险查找、研判、预警、防范、处置和责任等风险管控"六项机制"。

第四条 加强安全生产教育，提高从业人员的安全意识和安全技能，对巡查人员在岗前进行集中培训和"一对一"现场培训。

第五条 对于水库大坝安全鉴定结果为二类坝的水库应限制运用，对于鉴定结果为三类坝的水库在实施除险加固之前原则上空库运行。

第六条 编制水库大坝安全管理（防洪抢险）应急预案，协助水库主管部门开展宣传、培训和演练，当水库发生突发事件时，应配合处置突发事件。

第七条 定期开展汛前、汛中、汛后检查，并结合实际开展综合检查、专项检查、季节性检查、节假日检查和日常检查，填写检查记录表，掌握水库的运行状况，消除潜在隐患，保证水库安全运行。

第八条 严格执行安全生产交底工作，签订安全生产技术交底表，做到全员覆盖。

第九条 每座水库均应布设特征水位标识，汛期严禁违规超汛限水位运行。

第十条 发现大坝险情时应立即报告水库主管部门、地方人民政府，并加强观测，及时发出警报。

C.2 岗位职责

一、项目负责岗位（项目经理）

（1）贯彻执行《水库大坝安全管理条例》《云南省水利工程管理条例》等有关法律法

规、技术标准，以及水库物业化管理服务单位和水库主管部门的决定、指令。

（2）全面负责所属项目的物业化管理服务工作，组织、落实、执行项目合同要求的全过程管理工作。

（3）组建项目团队，负责项目当地招聘监控管理人员、驾驶员、巡查操作运行人员，并负责项目部成员的考勤、考核工作。

（4）负责项目部日常工作管理，处理日常事务，协调各种关系。

1）负责项目成本管理，确保项目资金合理使用；同时应积极跟进项目款项支付事宜。

2）负责项目质量、进度、安全及项目成员职业健康管理，按项目合同要求开展季度、年度考核工作，落实项目生产、经营及质量安全目标。

3）代表水库物业化管理服务单位与项目业主、供应商、外委单位等进行沟通和工作协调，组织并参与项目商务谈判，与相关合作方建立良好关系。

4）加强职工培训教育，提高职工素质，不断提高管理水平。

（5）完成水库物业化管理服务单位领导交办的其他工作。

二、技术负责岗位

（1）贯彻执行国家有关法律、法规和相关技术标准，协助项目经理进行项目日常管理。

（2）负责项目管理相关技术服务工作，严格落实项目管理制度、办法和标准，保障物业化管理工作顺利推进。

（3）负责项目管理的水库安全隐患排查及整改工作。

（4）监督外委单位按合同和相关要求实施，如维修养护。

（5）负责项目过程中各种资料和记录的收集、整理、汇总和保管，确保各项资料的真实、准确、齐全。

（6）报告异常情况，指导并参与工程问题及异常情况调查处理，提出有关意见与建议，并采取应急措施。

（7）掌握水库工程状况、管理情况和下游影响。

（8）完成水库物业化管理服务单位领导或项目经理交办的其他工作。

三、监控管理岗位（平台管理人员）

（1）遵守规章制度和相关技术标准。

（2）负责项目水库运行管理信息化平台及配套巡查 App 应用，监控、更新、管理水库相关数据，发现异常情况及时处理、汇报。

（3）辅助项目经理或技术负责人进行项目日常管理。

1）培训巡查责任人工作相关基本知识，培训应用"水库保姆"App，监督落实巡查责任人履职，按月度对巡查责任人履职情况进行考核，并根据考核情况统计工资。

2）收集、整理、统计巡查责任人人员档案、协议、安全责任书、购买保险等信息。

3）及时通过平台核查水库巡查信息，统计库水位，发现异常情况，特别是可能有险情情况，及时向项目经理或技术负责人汇报，并记录。

4）跟踪及配合开展维修养护工作，配合项目经理或技术负责人进行安全技术交底，与维修养护外委队伍和巡查责任人，保持良好有效沟通，及时现场复核、测量、验收已完成维修养护工程量，收集过程资料，特别是维修养护前后对比图片，整理维修养护记录和台账资料，及时上传平台。

（4）填写、保存水库运行和安全监测记录，整理运行和监测资料。

（5）完成水库物业化管理服务单位领导或项目经理交办的其他工作。

四、巡查操作运行岗位（巡查责任人）

（1）贯彻执行国家有关法律法规、方针政策及领导的决定、指令。

（2）负责大坝巡查工作，发现异常情况及时报告，履行水库防汛巡查责任人职责。

（3）认真执行水库管理制度，做好防汛值班值守。

（4）小（1）型水库巡查操作运行人员，按合同要求，负责对水库工程设施进行日常与定期养护。

（5）遵守规章制度和操作规程，按调度指令进行蓄放水操作。

（6）定期对坝区及管理区范围内的垃圾、废弃物及上游坝前浪渣进行清理。

（7）承担闸门、启闭机等机电设备的运行工作。

（8）填写、保存、整理操作运行记录。

（9）完成领导交办的其他任务。

C.3 人 员 培 训 制 度

第一条 本制度适用于指导水库物业化管理服务单位物业化管理项目各岗位人员培训工作。

第二条 培训目标。

通过专业知识、技能、安全培训，提升安全意识和应急处理能力，有效地应对突发事件，保障水库安全运行和效益发挥。

第三条 培训内容。

（一）水库基本知识培训，包括水库的概念、分类、结构、运行原理，通过理论学习和实地考察，对水库有全面了解。

（二）水库运行管理工作培训，包括《水库安全管理应知应会手册》、小型水库物业化管理十项工作内容、小型水库防汛"三个责任人"履职要点。

（三）水库安全管理培训，包括水库安全管理法律法规、政策措施，了解水库安全管理重要性，掌握安全管理的基本原则和方法。

（四）水库溃坝事故应急处置培训，包括溃坝事故的原因、应急预案、组织疏散、抢险救援等，了解水库溃坝事故的危害，掌握水库溃坝事故的应急处理措施等。

第四条 培训方式。

（一）理论学习，包括会议集中培训、教材阅读、宣讲等方法传授相关理论知识。各项目每年至少完成一次会议集中培训，并向所有水库巡查责任人发放工作手册（口袋本）。

（二）实地培训，包括在水库现场"一对一""手把手"加深水库安全认识，工作履职方式方法、步骤、注意事项等。

C.4 巡 视 检 查 制 度

第一条 物业化管理的小型水库巡视检查内容主要为检查挡水、泄水、输水建筑物结构安全性态，金属结构与电气设备可靠性，管理设施是否满足管理需求，近坝库岸安全性等。

第二条 日常巡查。

（一）日常巡查是由巡查责任人利用"水库保姆"App，开展的大坝日常检查工作，重点检查工程和设施运行情况。

（二）巡查频次要求见表 C.4 - 1。

表 C.4 - 1　　　　　　　　　巡 查 频 次 要 求

序号	巡查时段	运行期巡查频次		备 注
		小（1）型	小（2）型	
1	汛期	1次/天	1次/2天	具体频次各水库结合实际确定，初蓄期
2	枯期	1次/周		和特殊工况下加大频次

（三）在进行水库巡查时，应携带巡查工具，按拟定的巡查路线和巡查点进行检查工作，并做好个人安全防护。

第三条 月度检查。

（一）月度检查是项目部每月至少 1 次对所有水库进行检查。

（二）月度检查主要检查水库面貌，排查水库存在问题及安全隐患情况，核查水库管理履职情况等，全面掌控水库状况。

第四条 防汛检查。

（一）防汛检查是在汛期，项目部组织或配合业主单位开展水库全面防汛检查工作。

（二）防汛检查每年至少组织 3 次，分别在汛前、汛中和汛后开展。

（三）防汛检查重点排查水库大坝、溢洪道、输水涵洞等关键部位隐患，特别是存在一是违规超汛限水位蓄水；二是三类坝的病险水库未限制运用（病险水库原则上主汛期一律空库运行）；三是大坝存在异常渗漏；四是溢洪道私设闸门或拦挡；五是闸门及启闭设备不能正常使用等严重度汛安全隐患情况，进行不留死角的全面逐库排查，重点记录。

（四）防汛检查中发现严重度汛安全隐患的，及时报告业主，并督促业主落实整改，对没有进行整改或整改不彻底，不能保证安全度汛的水库，应书面提出，暂停对该座水库实施物业化管理。

第五条 在发生特别运用工况后，应立即开展特别检查，特别工况详见《小型水库物业化管理服务标准（试行）》。

第六条 及时填写检查记录，并上传水库运行管理信息化平台。

第七条 发现隐患时应按制度要求及时逐级报告，并组织分析判断可能产生的不利影响，及时落实相应处理措施。

第八条 每年应对巡查资料进行汇编报告，按年度集中成册，并及时整理归档。

第九条 其他未尽事项，按相关标准规范、文件要求执行。

C.5 安 全 监 测 制 度

第一条 物业化管理的小型水库大坝安全监测，主要包括环境量监测、变形监测和渗流监测（图 C.5-1）。其中环境量监测一般包括库水位观测和降雨量观测。变形监测一般包括坝体沉降和裂缝观测。渗流监测一般包括测压管水位和渗流量观测。

第二条 小型水库安全监测范围包括坝体、坝基，以及影响工程安全的输（泄）水建筑物和近坝岸坡等。

第三条 监测频次要求见表 C.5-1。

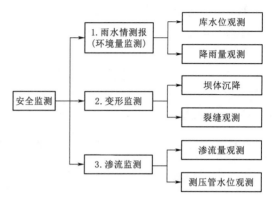

图 C.5-1 安全监测项目

表 C.5-1 监 测 频 次 要 求

序号	监测项目	监 测 频 次		
		汛期		非汛期
		小（1）型	小（2）型	
1	库水位	1次/天	1次/2天	1次/周
2	降雨量	1次/天	1次/2天	1次/周
3	渗流量	4次/月～1次/月		
4	测压管水位	4次/月～1次/月		
5	坝体沉降	6次/年～4次/年		

注 初蓄期及特殊工况下应增加监测频次。

第四条 每次安全监测结果应进行初步分析，发现异常时，应组织专业技术人员进行分析研判，查明原因，及时采取措施并做好记录。

第五条 安全监测记录，经整理核对后，由监控管理人员及时录入水库运行管理信息化平台。

第六条 监测资料整编每年进行1次，收集整编时段的所有观测记录，对各项监测成果进行初步分析，阐述各监测数据的变化规律以及对工程安全的影响，并提出水库运行和存在问题的处理意见。

第七条 其他未尽事项，按相关标准规范、文件要求执行。

C.6 日 常 维 修 养 护 制 度

第一条 物业化管理的小型水库进行日常性维修养护，主要包括坝坡除草割草，溢洪道、排水沟清淤清堵，启闭机（含拉杆）、闸阀、闸阀室内管道、大坝区域内栏杆、管理房和启闭机房门窗等金属表面除锈刷漆，螺杆、钢丝绳、齿轮等转动或行走部位油污清理及涂抹黄油，及其他日常劳务性质维修养护。

第二条 物业化管理的日常维修养护工作实行"计量化"原则，事先"定量定价"，事中现场跟踪记录复核，事后据实结算。

第三条 小（1）型水库日常维修养护主要由巡查责任人承担，小（2）型水库日常维修养护主要由外委单位承担。

第四条 项目部应及时开展维修养护工作，一般要求在项目开展的 2 个月内，落实外委队伍，实施维修养护。

第五条 项目部应跟踪及配合维修养护工作的开展，做好记录，包括实施时间、部位、工程量及前后照片等，并签字确认。

第六条 项目部应严格控制维修养护工作完成质量，及时进行现场复核和验收。

第七条 要强化风险意识，把"安全第一"理念贯穿维修养护工作全过程，严格遵守相关规定，明确安全责任并及时对现场劳务人员进行安全交底。

第八条 外委单位按要求完成维修养护工作的，项目部应按合同要求及时进行结算，并报水库物业化管理服务单位项目管理部备案。

第九条 经复核和验收的记录、图件和报告等均应整理完整，整编归档。

第十条 其他未尽事项，按相关标准规范、文件要求执行。

C.7 操 作 运 行 制 度

第一条 物业化管理的小型水库操作运行人员为巡查责任人，由项目部负责管理。

第二条 运行操作须严格依照购买主体或水库管理单位授权调度指令开展。禁止不按授权指令操作或未经授权擅自执行调度操作。

第三条 根据机电设备、放水设施等特性制定运行操作规程，并粘贴在启闭室内醒目位置的墙上。

第四条 操作运行应严格按照操作规程开展，杜绝运行安全事故发生。操作前观察水情、检查设施设备，确认正常后，再执行启闭操作程序；闸门启闭后，应再次检查闸门、启闭设备及各水工建筑物有无异常，确认正常后，做好运行记录。

第五条 闸门启闭时，若发现闸门有停滞、卡阻、杂声等异常现象，应立即停止运行，并进行检查处理，待问题排除后方能继续操作。

第六条 手动启闭时，严禁松开制动器使闸门自由下落，操作结束应取下摇柄。

第七条 防汛期间，泄水设施闸门故障无法启闭时，应按有关预案要求处理。

第八条 用于防洪调度的闸门处于开启泄洪状态或自由溢流泄洪时，应落实巡查责任人定时开展巡查，实行现场值守。

第九条 闸门等设备操作完成后，应向下达操作指令的相关人员报告操作情况，并及时、真实记录运行操作运行情况。

C.8 应 急 管 理 制 度

第一条 应急管理制度坚持"以人为本，减少危害，居安思危，预防为主，分级负责，快速反应"的原则。

第二条 应配合进行项目区域应急管理工作,积极参与应急演练。

第三条 编制水库大坝安全管理(防洪抢险)应急预案,当水库工程概况、应急组织体系、下游影响等发生变化时,应及时修订。

第四条 险情可能危及工程及下游安全,小型水库主要有洪水类、渗流类、结构类、溢洪道、输水建筑物等五种险情。

第五条 当水库发生安全隐患或发现异常情况后,应初步分析是否为险情或发展为险情的可能,必要时启动应急预案。

第六条 险情发生后,应立即向有关部门汇报,情况特别紧急的,可越级上报。

第七条 当水库发生险情时,需 24 小时有人值守,直至险情状况消除。

第八条 在应急值守过程中,应当采取相应的安全防范措施,防止事故发生。安全隐患排除前或者排除过程中无法保证安全的,应当从危险区域内撤离作业人员,并疏散可能危及的其他人员,设置警戒标志,暂时停止使用;对暂时难以停止使用的相关装置、设施、设备,应加强监测。

第九条 及时做好应急管理及险情报告的记录工作。

C.9 值 班 制 度

第一章 项 目 部 值 班

第一条 每年汛期,由水库物业化管理服务单位统筹安排,组建防汛值班小组,组织项目部按周轮流实行 24 小时防汛值班值守。

第二条 值班由项目经理带班在项目部监控室进行值班值守。其余项目部按照值班项目部指令及时处理自己管辖水库的相关问题。

第三条 值班项目部工作内容。

(一)抽查巡查照片。主要检查库水位、大坝状态、溢洪道、放水涵等关键位置。

(1)核查是否存在违规超汛限水位运行、三类坝病险水库违规蓄水运行。

(2)核查溢洪道有无人为加筑子堰、设障阻塞、拦鱼网或其他影响防洪安全的问题。

(3)核查放水涵整体形貌结构是否完整,启闭设备能否正常使用。

(二)关注天气预警信息。关注各地天气预警信息,重点关注雨情信息,在强降雨地区特别是发布橙色、红色降雨预警信息的地区,需提前腾出库容做好度汛准备工作。

(三)核查巡查值守情况。当水库出现需要加密巡查或现场值守情况时,特别是发现险情或严重安全隐患时,核查各项目部是否落实巡查值守工作。

(四)发布防汛工作指令。督促各项目部加强安全隐患排查,提醒做好安全监测和巡查值守工作,指导安全隐患和险情处置工作,发布防汛工作要求,落实防汛责任。

(五)汛情日报、汛情周报。

第四条 其他项目部工作内容。

(一)关注当地雨情信息。将天气预警信息及时向值班项目部报告,按照值班项目部发布的防汛工作要求,做好安全监测和巡查值守,处置度汛安全隐患和险情工作,落实提前腾库准备工作。

（二）检查水库蓄水情况。各项目部逐一排查所管理的小型水库，重点关注库水位，是否超汛限水位或接近汛限水位，病险水库是否空库度汛，并上报预警水库信息。

（三）检查是否存在违规运行和存在其他度汛严重安全隐患。对存在重大度汛安全隐患和违规运行的水库，及时上报，并按指令处置安全隐患和违规运行情况，极端情况下可上报水库物业化管理服务单位经研判后采取暂停物业化管理服务措施。

（四）及时报告每日汛情。要求实行零报告制，若出现瞒报、漏报和虚报的情况，项目经理承担全责。

第五条　值班项目部应认真遵守值班时间，按时交班，应将值班主要情况及注意事项进行汇总并完成交接，接班项目部要认真了解相关工作情况，及时接班。

第二章　巡查责任人值班

第六条　巡查责任人值班值守主要是承担物业化管理的小型水库的安全保卫与现场防汛值班值守工作。

第七条　保卫值班是由巡查责任人对库区保护范围安全保卫工作，管理区环境卫生工作，做好防火、防盗、防破坏治安工作。对库区建筑物、围栏等设施进行管护，对水库游泳、洗涤、捕鱼和破坏水利工程设施及污染水源的行为要及时制止。

第八条　防汛值班是每年汛期，小（1）型水库实行 24 小时值班值守；小（2）型水库特殊工况下进行 24 小时值班值守；汛期时间有调整的，按上级公布的汛期时间执行。

第九条　值班值守人员应严格遵守劳动纪律，坚守岗位，严禁擅自离岗、脱岗，手机 24 小时保持开机。如确有事需离开应向项目经理报告。

第十条　值班值守人员要随时了解天气预报、天气情况变化趋势，准确及时地掌握雨情、水情，工情，认真做好值班记录，收集资料并保存。

第十一条　值班值守人员应加强业务知识学习，熟悉有关防汛知识和规章制度，积极主动做好情况收集和整理。及时了解当前汛情变化，认真做好值班记录和上报等工作。

第十二条　加强对水工程、泄洪闸启闭设备、通信设施、电源等相关设备的观测检查，发现工程险情必须立即采取必要抢护措施，并及时向项目负责人、主管部门汇报。

第十三条　值班人员除做好值班相关工作外，应保持水库管理范围环境卫生，并做好消防治保工作，防止观测设备遭人为破坏（特别是周末）。

第十四条　做好保密工作，严守国家机密，不得谎报。

第十五条　对工作不负责任，玩忽职守或擅自离岗的，根据情节给予行政处分，严重的追究法律责任。

C.10　报　告　制　度

第一条　报告制度遵循"事前请示，事后报告，实事求是，及时准确，逐级上报"的原则。

第二条　请示报告要实事求是，不得迟报、瞒报、谎报、错报、漏报，重大事项要先请示报告，后执行，严禁先斩后奏，重大事项一般采取书面形式，紧急情况可口头报告事后再补书面报告。

第三条　报告突发事件时，要报告事情发生的时间、地点、人物、主要情况和原因、后果以及采取的主要措施；来不及全面掌握情况的，先口头报告概况，并根据事件的进展和处理情况及时续报。

第四条　对于重大汛情及灾情必须立即向上级汇报，对需要采取的防洪措施要及时请示。

第五条　水库存在安全隐患或发生安全事故时，遇到无法处理的事项，需及时向项目经理请示报告，项目经理无法处理决定的事项，及时向水库物业化管理服务单位或水库主管部门请示报告。

第六条　对重大突发事件迟报、漏报，故意隐瞒真相瞒报、谎报、少报或者授意他人隐瞒、谎报、少报的，视情节轻重，对相关人员追究责任。

第七条　对于因疏忽安全生产，违章指挥，违章作业，玩忽职守，或者发现安全隐患，危害情况而不采取有效措施以致造成伤亡事故的，按照国家有关规定处理。构成犯罪的，报司法机关追究刑事责任。

C.11　物 资 管 理 制 度

第一条　项目部作为现场物资管理的归口部门，负责物资管理的日常工作。

第二条　项目部可采取自储、委托代储、社会号料等方式储备必要的防汛物资，采取委托代储的，应与代储单位签订代储协议，明确代储物资的种类、数量及调运等内容。

第三条　对于现场物资应定期进行盘点，实行台账管理。

第四条　对物资采购，项目部应进行把关审核和确认，属于项目部自采的物资，应本着急用急办、控制采购数量的原则，防止造成不合理库存或形成呆滞物资。

第五条　物资采购过程中要做到货比三家、严控风险，杜绝质次价高、假冒伪劣、"三无"产品同时要对常规物资进行定期不定期的询价，以及对各分供方进行资质、风险评估。

第六条　项目部对采购物资的数量、质量进行验收，并做到物资的名称、规格、型号、数量等不相符时不验收，不使用，不入库。

第七条　防汛物资应储存在专用仓库或指定地点，确保安全、干燥、通风。仓库应设有防火、防盗、防潮、防鼠等措施，定期检查维护。物资应按类别、规格整齐摆放，标识清晰。

C.12　档 案 管 理 制 度

第一条　各项目部应明确档案管理员，负责本项目档案的接收、登记、编号、上架、借阅、归还、收集、整理、分类、利用等工作。

第二条　根据小型水库实际情况，凡在工作中形成的文件和具有价值的各类资料、原始记录、各种图表簿册、照片以及与本单位相关的上级文件等，均需齐全完整地收集、整理、立卷和保管。

第三条　项目部档案应包括：工程基础资料、制度汇编、人员档案、合同与协议、日常往来文件、巡视检查记录、维修养护记录、值班值守记录、运行操作与调度指令、安全监测记录、应急管理资料、安全管理资料、检查与考核记录、会议与培训资料、工作报告与大事记等。

第四条　监控管理人员是资料收集的第一责任人，要及时收集各类工程档案资料，随工作进度及时进行整理归档。

第五条　收集的档案资料应项目齐全、字迹清楚、图面整洁、签章齐全。所有档案必须入柜上架、科学排列，便于查找，避免随意堆放。

第六条　文件柜、档案室要保持整洁卫生，认真做好防盗、防潮、防火、防虫，防霉变、防鼠患和防光等工作。档案管理人员对存放的档案要勤检查，注重档案保护技术的学习和运用。

第七条　外单位人员要查阅、复印档案，必须经批准后，方可查阅，档案管理员对查阅、复印档案情况必须如实进行登记。

第八条　项目部应充分利用水库运行管理信息化平台，录入、储存、管理和查阅档案，实现档案电子化管理。

第九条　档案资料应按国家保密法的要求，做到保密安全；档案管理员要严格按保密要求做好档案资料的保管和使用。

第十条　合同期内项目部应根据委托方的要求开展定期和临时档案移交。合同期满，相关档案资料应全部移交委托方。

C.13　信息化管理制度

第一条　应用水库运行管理信息化平台，建立涵盖所管辖范围内小型水库基础信息数据库，实现工程在线监管。

第二条　应用"水库保姆"巡查 App，实现信息电子化，观测自动化、巡查打卡轨迹化、管理过程透明化等高效的日常管理。

第三条　设置专职监控管理人员负责信息化平台的管理和日常维护，发现问题及时处理。

第四条　充分利用无人机巡查、无人机测绘建模、三维可视化展示平台等方式实施数字（孪生）水库建设，为小型水库日常运行管理和应急抢险提供大数据支撑。

第五条　配合水行政主管部门推进雨水情、自动化安全监测系统、视频监控等数据接入信息化平台，各项信息能实时在线更新，实现工程信息动态管理。

第六条　定期进行数据备份保存，备份周期宜每月不少于 1 次。

第七条　确保重点部位监测设备实时在线，自动化监测监控数据异常时能够自动识别险情，及时预报预警。

第八条　开展水库工程数据的采集、传输、存储、处理和服务等工作时按照《水利网络安全保护技术规范》（SL/T 803—2020）的要求加强数据安全保护，保障水库数据安全。

第九条 通过病毒防护、安全扫描等多方面组合，定期对信息化平台进行网络安全管理，保障网络系统的安全运行。

C. 14 考 核 评 价 制 度

第一条 水库物业化管理服务单位项目管理部负责物业化管理的项目部及监控管理岗的考核评价工作，项目部负责对所管水库巡查责任人的考核评价工作。

第二条 项目部考核内容为"水库保姆"十项工作完成情况；监控管理岗考核内容为承担的工作完成情况；巡查责任人考核内容为巡查协议要求的内容。

第三条 项目部与监控管理岗的考核主要通过月度报告、水库运行管理信息化平台、电话问询等方式进行；巡查责任人考核以工作完成计量方式进行。

第四条 对项目部和监控管理岗的考核按月度由前次考核综合排名前 2 名的项目部具体实施。

第五条 考核按 100 分制排名赋分，考核排名前 2 名的项目部（项目经理）与监控管理岗，推荐为水库物业化管理服务单位月度"优秀之星"员工，连续 2 个月最后一名的，为考核严重不合格，进行岗位调整或工资降级处置。

第六条 项目部应积极配合考核工作，每月 5 日前完成月度报告，考核时配合问询，说明工作开展情况，提供证明素材等，对不配合考核工作的项目部可直接考核不合格。

第七条 对考核结果有异议的，可向水库物业化管理服务单位领导提出申诉。

第八条 其他未尽事宜按水库物业化管理服务单位有关要求执行。

小型水库标准化管理工作手册（参考本）

××县（市、区）××乡（镇）××水库标准化管理

工 作 手 册

（参考本）

××××-××-××发布　　　　　　　　　××××-××-××实施

××× 发布

1　管　理　部　分

1.1　工程概述

1.1.1　工程简介

　　××水库位于×××地（州、市）×××县（市、区）××乡（镇），距×××县（市、区）××km，坐落于××水系××河×游，地理坐标东经×××、北纬×××。控制流域面积××km²，是一座具有××功能的××型水利（枢纽）工程。水库于××××年××月动工兴建，××××年××月完（竣）工，××××年加固达现有规模。水库注册登记号：×××××，于××××年××月进行了最近一次安全鉴定，鉴定结论为××类坝。

　　主要枢纽工程设计标准：枢纽工程为××等工程，主要建筑物的级别为××级，次要建筑物的等级为××级。水库现状防洪标准为××年一遇洪水设计，×××年一遇洪水校核。水库正常蓄水位××m（高程，下同），正常库容××万 m³；水库死水位××m，死库容××万 m³；汛限水位××m，相应库容××万 m³；防洪高水位××m，相应库容××万 m³；设计洪水位××m，相应库容××万 m³；校核洪水位××m，总库容××万 m³；兴利库容××万 m³，调洪库容××万 m³，防洪库容××万 m³。

　　枢纽建筑物包括：×××、×××、×××等×部分（注：要注明建筑物的数量）。

　　大坝（或主坝）为××坝（坝型），坝顶高程××m，最大坝高××m，坝长××m；坝顶宽度××m，是否兼作坝顶公路××。副坝（如有）为××坝（坝型），坝顶高程××m，最大坝高××m，坝长××m，坝顶宽度××m，是否兼作坝顶公路××。

　　溢洪道位于×××，×××结构，溢流净宽××m，底板顶高程××m。控制段设×孔溢洪闸，闸孔净宽××m，闸室总宽××m，净宽××m，闸室底板顶高程××m。溢洪闸采用××启闭机启闭，最大泄量××m³/s。

　　放水涵洞位于×××，进口型式为××，进口底高程××m，洞身为××结构，长度××m，出口××（消能设施），进（或出）口设××闸控制，××启闭机启闭，最大流量××m³/s。

　　水库下游保护对象：×××镇（乡、村），××万人口，××万亩农田，××（重要基础设施）。设计灌溉面积：××万亩，有效灌溉面积××万亩。设计年供水量××万 m³，近三年平均年供水量××万 m³。

　　附：1. 水库工程技术特征一览表。

　　　　2. 水库大坝注册登记证。

　　　　3. 水库主要建筑物布置图。

　　　　4. 水库全景图片。

　　　　5. 大坝断面示意图及大坝现场图片。

　　　　6. 溢洪道结构示意图及溢洪道现场图片。

　　　　7. 放水设施结构示意图及放水设施现场图片。

　　　　8. 其他枢纽建筑物结构示意图及现场图片。

1.1.2 工程划界

按照《云南省水利工程管理条例》划定工程管理范围和保护范围。

1. 管理范围

按照《云南省水利工程管理条例》第二十六条要求划定水库管理范围。参考样式如下：

××水库管理范围具体划定方法如下：

库区：校核洪水位××m 以下范围（含岛屿）；

枢纽区：大坝下游坡脚和坝肩外××m 的区域。遇分水岭、山脊、道路，优先参照山脊线、道路边线划定管理范围，且不超过流域分水岭。

按照上述方法，共划定管理范围面积为××km²，管理范围线长××km。

2. 保护范围

按照《云南省水利工程管理条例》第二十七条要求划定水库保护范围。参考样式如下：

××水库保护范围具体划定方法如下：

库区：基本原则是管理范围线外延××m，遇分水岭、山脊、道路，优先参照山脊线、道路边线划定保护范围，且不超过流域分水岭；

枢纽区：枢纽区管理范围线外延××m，遇分水岭、山脊、道路，优先参照山脊线、道路边线划定保护范围，且不超过流域分水岭。

按照上述方法，共划定保护范围面积××km²，保护范围线长××km。

3. 划界确权情况

水库工程管理与保护范围划定方案及审批、公告情况；界桩设置情况以及目前存在的主要问题。工程管理范围划界图纸（明确管理范围和保护范围），土地使用证或不动产权证，工程管理范围界桩统计表和分布图，管理范围内测量控制点、界桩、公告牌图例等。

附：1. 水库管理和保护范围示意图。

2. 水库管理和保护范围坐标表。

3. 土地使用证或不动产权证图片。

4. 工程管理范围界桩统计表和分布图。

5. 管理范围内测量控制点、界桩、公告牌现场图片（图例）。

水库管理和保护范围坐标表（示例）

名　　称	坐　标	
	经度（E）	纬度（N）
管理范围		
……		
保护范围		
……		

1.1.3 管理设施

1. 管理用房

管理用房基本情况（面积、位置等），以及目前存在的主要问题。参考样式如下：

水库办公管理用房位于×××，于××××年××月建成投入使用。距大坝直线距离××m，结构类型为××结构，设有×××、×××、×××……，建筑面积约××m²。

　　附：1. 管理用房相关图片。

　　　　2. 管理用房平面示意图。

2. 进库道路、通信线路

水库进库道路基本情况，通信设施、设备，供电线路及用电等情况。参考样式如下：

水库进库道路为××级，长度约为××m，路宽××m，路面××，坡度××，路况×××，道路××（是否）通畅。

　　附：1. 水库进库道路示意图。

水库进库道路路况图片（主要特征位置）。

水库××（是否）覆盖网络信号（若库区无信号的情况下，可以说明周围村镇情况，如：距离水库××m最近的村镇为××，已覆盖网络信号，……），能利用手机进行通信工作。

水库××（是否）通电，（如有通电）水库用电从××（位置）架设××km的××kV输电线路经×××（位置）××台××kVA的××变压器向水库××提供××V低压用电。

　　附：电力设施现场图片。

3. 安全监测

库水位、降雨量、坝体沉降、测压管水位、渗流量等监测设施的布置位置、数量、运转情况等。参考样式如下：

水库水位人工观测采用人工观测水尺，水尺建有××根，布置于×××，××（是否）正常使用。

水库水位自动观测站共有××套（如有），采用××水位计，布置于×××、×××……（位置），设备运转××（是否）正常，××（能否）实时采集水库水位，××（能否）经由××遥测终端上传水库水位数据至水库综合管理平台。

　　附：1. 水位尺现场图片。

　　　　2. 库水位自动观测站现场图片。

　　　　3. 水位-面积-库容关系表。

水位-面积-库容关系表（示例）

水位/m	面积/km²	高差/m	ΔV/万 m³	库容/万 m³

（1）水库建有××套雨量自动观测站（如有），分别为×××、×××、××××、×××……（位置、名称及编号）。雨量自动观测站采用××雨量计，运转××（是否）正常，××（能否）实时采集降雨量，××（能否）经由××遥测终端上传雨量数据至水库综合管理平台。（若水库没有雨量观测设施，可以利用当地山洪灾害预警系统、水文气象观测站点提供的降雨量信息，也可以开展视频监视）。

附：雨量观测站现场图片（如有）。

（2）大坝变形人工观测墩（含表面变形观测点）××个，基准点××个，工作基点××个。大坝变形人工观测墩编号和相应位置分别为：××（位于××）、××（位于××）……。

附：1. 大坝变形人工观测墩现场图片。

　　2. 大坝变形基准点现场图片。

大坝位移自动观测站（如有）有××个××位移监测基站，××个××位移监测测站用于大坝位移自动监测，编号和相应位置分别为：××（位于××）、××（位于××）……。大坝位移自动观测站，运转××（是否）正常，××（能否）实时采集位移数据，××（能否）上传位移数据至水库综合管理平台。

附：大坝位移自动观测站现场图片

（3）大坝测压管水位人工观测孔有××个，编号和相应位置分别为：××（位于××）、××（位于××）……。

附：大坝测压管水位设施现场图片。

大坝渗压自动观测站（如有）有××个，编号和相应位置分别为：××（位于××）、××（位于××）……。采用××渗压计，运转××（是否）正常，××（能否）实时采集渗压数据，××（能否）上传渗压数据至水库综合管理平台。

附：1. 渗压自动观测拓扑图（如有）

　　2. 大坝渗压自动观测站现场图片

（4）大坝渗流观测设施（一般）采用量水堰板人工观测，设置于××（位置）。

附：量水堰现场图片。

水库大坝渗流自动观测站（如有）由量水堰板、量水堰计、采集终端构成（其他形式渗流观测方式需另说明），××（能否）实时采集渗流流量，××（能否）上传渗流数据至水库综合管理平台。

另附：大坝渗流自动观测站现场图片

（5）水库安全监测设施情况汇总情况（根据水库实际）如下表。

安全监测设施情况汇总表（示例）

安全监测项目	设施名称	位置	数量	使用状态	备　注
库水位	水位标尺	上游坝坡	××根	完好	位置详见分布图
降雨量	利用当地水文气象站提供降雨量信息				
坝体沉降	人工观测墩（基准点、工作基点）			完好	编号位置信息见分布图

安全监测项目	设施名称	位置	数量	使用状态	备　注
测压管水位	测压管	下游坝坡	××根	完好	编号位置信息见分布图
渗流量	量水堰	大坝坝脚排水体后	1个	完好	位置信息见分布图

附：水库安全监测设施布置图。

4. 视频监视报警设施（如有）

视频监视设备以及报警设备数量、位置、功能等。参考样式如下：

水库在各建筑物和库区关键部位（关键水域、主副坝、河口、桥等）共安装××个视频监控，名称、编号和相应位置分别为：××（位于××）、××（位于××）……。视频监视报警系统是监视部位的摄像机通过××（一般为电缆、网线、光纤、4G 或 5G 无线网络、局域无线网络）将视频图像传输至水库综合管理平台（控制主机），同时××（能否）将需要传输的语音信号同步到监视部位（喊话、警告、宣讲功能）。××（能否）通过水库综合管理平台的控制主机，视频监视人员发出指令，对云台的上、下、左、右的动作进行控制及对镜头进行调焦变倍的操作，并通过控制主机实现在多路摄像机及云台之间的切换。××（能否）利用录像处理模式，可对图像进行录入、回放、处理等操作。视频监控系统当视频监视部位出现特殊情况时，××（能否）进行报警。

附：1. 水库视频监视设施布置图。

2. 水库视频监视设备清单。

3. 水库视频监视设施现场图片。

水库视频监视设备清单（示例）

监视点编号	设备安装位置	经纬度	使用状态	备　注
			完好	

5. 标识标牌

标识标牌包括公告、名称、警示、指引、提示、特征水位、责任人信息等类别。如工程简介牌、责任人公示牌、管理范围和保护范围公告牌、水法规告示牌、安全警示牌、工程指引牌等。简述标识标牌数量、颜色、规格、材质、布置位置及日常检查维护情况等。参考样式如下：

水库现有各类标识标牌××块，分别有标识标牌：水库简介牌××块，三个责任人公示牌××块，警示牌××块，巡查路线牌××块，保护管理范围划分牌××块，淹没范围图××块、巡查点位置××个，界桩（牌）××个……，各类标识标牌内容准确、简洁，图形清晰、美观，安装端正、稳固、无倾斜，设置布局合理。

附：1. 水库标识标牌统计表。

2. 标识标牌现场图片。

水库标识标牌统计表（示例）

序号	名称	图样	设立位置	尺寸	数量	材质	备注
1							
2							
3							
...							

注　设置界桩、界牌在设立位置建议标明经纬度。

6.防汛物资

根据国家防办和云南省历年防汛抗洪的实际需求，做好防汛备料、物资、设备的存储，并列表明确物资数量、种类、堆放地点。

附：防汛物料储备表。

防汛物料储备表（示例）

物 资 种 类	数 量	堆 放 位 置

7.范围内非本工程建筑物

列表显示管理范围内其他建筑物名称、所在位置、面积和所有人名称。

其他建筑物清单（示例）

序号	名称	位置	用途	所有人

1.2　组织管理

1.2.1　管理责任

1.2.1.1　水库安全管理责任

按照管辖范围，明确水库安全管理责任主体及责任人。参考样式如下：

××水库管理责任主体为××乡政府，物业化管理单位为×××。水库安全管理责任人信息如下：

水库安全管理责任人信息表

责任人	姓名	单位	职务	联系电话
政府责任人				
主管部门责任人				
管理单位责任人				
安全管理员				

（1）政府责任人职责：

1）宣传贯彻水库大坝安全管理法规、政策和各项规章制度。

2）协调有关部门、单位做好安全管理工作。

3）组织相关部门编制防汛抗旱应急预案，并督促落实相关措施。

4）根据汛情、旱情，及时作出工作部署。

5）确保水库大坝工程的安全，尽量减少洪水灾害。

6）筹集维修养护和除险加固资金。

7）及时准确向上级报告重大情况。

（2）主管部门责任人职责：

1）组织进行安全检查、安全鉴定（评估），对发现的问题督促限期整改。

2）督促制订防汛抗旱和防洪抢险应急预案，落实相关措施。

3）指导抗洪抢险和群众转移。

4）督促制定除险加固和更新改造规划。

5）落实管理经费，筹集维护资金，做好工程维护。

6）及时准确向上级报告重大情况。

（3）管理单位责任人职责：

1）建立安全管理制度，落实安全管护人员和经费。

2）组织开展巡查、调度、养护等工作。

3）严格执行防汛抗旱和防洪抢险应急预案和上级指令。

4）及时准确向上级报告重大情况。

（4）安全管理员职责：

1）对管理范围内建筑物开展日常巡查，及时发现病险隐患。

2）按规定频次开展雨水情、工情观测，及时整理上报。

3）按度汛方案进行水位运行管理。

4）进行日常简易维护，保持外观整洁、运行安全。

5）发现异常及时报告、及时处理。

1.2.1.2 水库防汛责任

1. 小型水库防汛责任任务

（1）地方人民政府对本行政区域内小型水库防汛安全负总责。

（2）水库主管部门负责所管辖小型水库防汛安全监督管理。

（3）水库管理单位（产权所有者）负责水库调度运用、日常巡查、维修养护、险情处置及报告等防汛日常管理工作。

（4）各级水行政主管部门对本行政区域内小型水库防汛安全实施监督指导。

2. 防汛责任人

按照小型水库防汛"三个责任人"履职手册，明确水库防汛责任人。参考样式如下：

水库防汛"三个责任人"指小型水库防汛行政责任人、防汛技术责任人和防汛巡查责任人。具体信息如下：

××水库防汛"三个责任人"信息表

责任人	姓名	单位	职务	联系电话
防汛行政责任人				
防汛技术责任人				
防汛巡查责任人				

3. 防汛行政责任人

（1）主要职责：①负责水库防汛安全组织领导；②组织协调相关部门解决水库防汛安全重大问题；③落实巡查管护、防汛管理经费保障；④组织开展防汛检查、隐患排查和应急演练；⑤组织水库防汛安全重大突发事件应急处置；⑥定期组织开展和参加防汛安全培训。

（2）履职要点。

1）掌握了解水库基本情况。掌握水库名称、位置、功能、库容、坝型、坝高等基本情况，了解安全鉴定情况；掌握水库主管部门和水库管理单位（产权所有者）有关负责人及防汛技术责任人、巡查责任人，了解其联系方式；了解水库下游集镇、村庄、人口、厂矿和重要基础设施情况，以及应急处置方案和人员避险转移路线。

2）协调落实防汛安全保障措施。督促水库主管部门、水库管理单位（产权所有者）制定和落实水库防汛管理各项制度，落实雨水情测报、水库调度运用方案和水库大坝安全管理（防汛）应急预案编制与演练等防汛"三个重点环节"，及时开展安全隐患治理和水毁工程修复；督促水库防汛技术责任人和巡查责任人履职尽责；协调落实工程巡查管护和防汛管理经费，落实防汛物资储备，解决水库防汛安全重大问题。

3）组织开展防汛检查。组织开展汛前、汛中至少2次防汛检查，遇暴雨、洪水、地震及发生工程异常等，及时组织或督促防汛技术责任人组织检查。重点检查：防汛"三个重点环节"是否落实；大坝安全状况，溢洪道是否畅通，闸门及启闭机运行是否可靠，安全隐患治理和水毁工程修复是否完成；汛限水位控制是否严格；防汛物资储备、抢险队伍落实、交通通信保障等情况。

4）组织应急处置和人员转移。水库发生重大汛情、险情、事故等突发事件时，应立即赶赴现场，指挥或配合上级部门开展应急处置，根据应急响应情况，及时做好人员转移避险。

5）组织开展应急演练。按照水库大坝安全管理（防汛）应急预案，组织防汛技术责任人、巡查责任人、相关部门和下游影响范围内的公众，开展应急演练。演练可设定紧急集合、险情抢护、应急调度、人员转移等科目，可采用实战演练或桌面推演等方式。

6）组织参加防汛安全培训。任职期间应做到培训上岗，新任职的应及时接受防汛安全培训，连续任职的至少每3年集中培训1次；培训可采取集中培训、视频培训或现场培训等方式。督促防汛技术责任人和巡查责任人参加水库大坝安全与防汛技术培训。

4. 防汛技术责任人

（1）主要职责：①为水库防汛管理提供技术指导；②指导水库防汛巡查和日常管护；③组织或参与防汛检查和隐患排查；④掌握水库大坝安全鉴定结论；⑤指导或协助开展安全隐患治理；⑥指导水库调度运用和雨水情测报；⑦指导应急预案编制，协助并参与应急演练；⑧指导或协助开展水库突发事件应急处置；⑨参加水库大坝安全与防汛技术培训。

（2）履职要点。

1）掌握了解水库基本情况。掌握水库工程状况、管理情况和下游影响，包括挡水、泄水、放水建筑物，以及库容、坝型、坝高和正常蓄水位、汛限水位，了解下游影响范围内集镇、村庄、人口、厂矿、基础设施等；掌握水库主管部门和水库管理单位（产权所有者）有关负责人及防汛行政责任人、巡查责任人，了解其联系方式；了解应急处置方案和人员避险转移路线；了解水库管理法规制度相关要求和有关专业知识。

2）掌握了解水库安全状况。通过现场检查、防汛检查、日常巡查、安全鉴定等途径，掌握大坝安全状况和主要病险隐患；掌握大坝安全鉴定结论，了解安全鉴定意见及大坝安全隐患、严重程度及治理情况，以及隐患消除前的控制运用措施；及时向防汛行政责任人和水库主管部门报告大坝安全状况和防汛安全重大问题。

3）组织或参与防汛检查和隐患排查。协助防汛行政责任人开展汛前、汛中防汛检查，组织开展汛后检查，遇暴雨、洪水、地震及发生工程异常等参与或及时组织开展检查；组织开展隐患排查，针对大坝安全、防汛安全和巡查责任人报告的工程异常进行检查，必要时邀请有关部门和专家进行特别检查，协助开展隐患治理。

4）指导防汛巡查和安全管理。指导防汛巡查责任人，按照巡查部位、内容、路线、频次和记录要求做好巡查工作，开展雨水情测报和大坝安全监测；落实水库调度要求，保持溢洪道畅通，控制汛限水位；做好大坝、溢洪道、放水涵等建筑物以及闸门、启闭机等设备设施的日常管护，做好工程档案管理。指导、组织或参与编制水库调度运用方案和大坝安全管理（防汛）应急预案；协助防汛行政责任人组织应急演练。

5）协助做好应急处置。了解水库大坝安全管理（防汛）应急预案以及防汛物资、抢险队伍情况；水库大坝出现汛情、险情、事故等突发事件时，立即向防汛行政责任人报告；参与制定应急处置方案，协助做好应急调度、工程抢险、人员转移和险情跟踪等。

6）参加防汛安全培训。上岗前及任期内应当接受培训，连续任职的至少每3年参加一次大坝安全与防汛技术培训，培训方式可采取集中培训、视频培训或现场培训等方式。

5. 防汛巡查责任人

（1）主要职责：①负责大坝巡视检查；②做好大坝日常管护；③记录并报送观测信息；④坚持防汛值班值守；⑤及时报告工程险情；⑥参加防汛安全培训。

（2）履职要点。

1）掌握了解水库基本情况。掌握水库库容、坝型、坝高情况；掌握防汛行政责任人、技术责任人和相关部门负责同志，了解其联系方式；掌握大坝薄弱部位和检查重点，了解大坝日常管理维护的重点和要求；掌握放水设施、闸门启闭设施的操作要求，以及预警设施、设备使用方法；了解应急处置方案和人员避险转移路线以及下游保护集镇、村庄、人口、重要设施情况。

2）开展巡查并及时报告。掌握巡视检查路线、方法、工具、内容、频次，按照要求开展巡视检查，做好巡查记录；汛期每日应不少于1次巡查，出现大坝异常或险情、设施设备故障、库水位快速上涨等情况应加密巡查，并及时报告防汛技术责任人或防汛行政责任人；发现可能引发水库溃坝或漫坝风险、威胁下游人民群众生命财产安全的重大突发事件时，按照应急预案规定，在报告的同时及时向下游地区发出警报信息。

3）做好大坝日常管理维护。了解水库调度运用方案，做好日常调度运用操作，严格按照调度指令操作放水设施、闸门及启闭设备，做好设备运行和放水、泄水记录；对设施设备进行日常维护，及时清理溢洪道阻水障碍物；发现不能排除的故障和问题，及时向防汛技术责任人报告。

4）坚持防汛值班值守。认真执行水库管理制度，做好防汛值班值守；按照要求做好雨水情观测，按时报送雨水情信息；发现库水位超过汛限水位、限制运用水位或溢洪道过水时，及时报告防汛技术责任人；遭遇洪水、地震及发现工程出现异常等情况及时报告，紧急情况下按照规定发出警报。

5）接受岗位技术培训。防汛巡查责任人应当经过培训合格后上岗，接受防汛技术责任人的岗位业务指导；连续任职的至少每2年参加1次水库防汛安全集中培训、视频培训或现场培训。

1.2.2　管理单位

1.2.2.1　单位情况

水库管理单位的基本性质和隶属关系，与工程运行管理有关的人员配备、组织架构和经费来源。水库实行物业化管理模式的参考样式如下：

×××水库物业化管理单位为××××××（物业化管理项目部全称），隶属于××××××（单位全称），于××××年××月成立，其管理的××水库主管部门为×××××××。物业化管理项目部设有项目负责岗××人，为×××；技术负责岗××人，为×××；安全监测岗××人，为×××；巡查运行操作岗××人，为×××；维修养护岗××人，为×××等共计××人组成，负责×××水库物业化管理工作的具体开展。

附：××××（水库物业化管理项目部）组织架构图

1.2.2.2　职能与任务

管理单位的基本职能和主要工作任务。水库实行物业化管理模式的参考样式如下：

1. 制度建设

维护水库秩序，保证水库各项政策的顺利执行和各项工作的正常开展，依照法律法规、政策及水库实际情况建立健全并不断完善各项管理制度。实现水库管理工作程序的规范化，岗位责任的法规化，管理方法的科学化，指导和约束水库开展水库管理工作，鞭策和激励水库人员遵守纪律、努力学习、勤奋工作。

水利各项管理制度，内容完整，要求明确，按规定明示关键制度和规程。水库制度建设可参考3规章制度。

2. 巡视检查

按照规定开展日常巡查、防汛检查和特别检查，巡查路线、频次和内容符合要求，巡查记录规范，发现问题处理及时到位。

3. 安全监测

按规定开展雨水情、坝体变形、渗流等监测，监测项目、频次符合要求，记录完整，数据可靠，资料整编分析及时。

4. 维修养护

按工程情况制定维修养护计划，每季度开展工程维修养护不少于1次，维修养护到位，工作记录完整，定期对维修养护记录进行整编。

5. 操作运行

严格执行调度规程、方案、计划和上级指令，调度记录完整、规范，汛期严格控制蓄水。

6. 白蚁防治

根据《土石坝养护修理规程》（SL 210—2015）及结合水库实际进行白蚁工作。

7. 安全管理

主要负责工作范围内的工程安全管理与安全生产管理工作，并协助水库主管部门和管理单位（产权所有者）做好工程安全管理。

建立安全管理制度，落实安全责任制，加强安全生产管理工作。

8. 档案管理

水库档案集中存放，统一管理，规范及时，资料齐全，分类清楚，存放有序。

1.2.2.3 岗位与职责

管理单位或部门的内部岗位设置，如管理岗、专业技术岗、工勤技能岗等设置，具体工作岗位的职责、任务等。水库实行物业化管理模式的参考 3.2 岗位责任制度。

1.2.3 管理事项

管理事项应根据水库枢纽功能、主要建筑物运行管护要求和任务来确定，根据工作性质、工作要求、管理职责等进行划分归类。事项划分要全面详细、合理清晰、符合水库工程管理实际，便于管理岗位设置和人员岗位分配。

"事项-岗位-人员"设置

把管理事项落实到人，理清各工作事项，并落实到具体人员，制定"事项-岗位-人员"对应表，参考如下：

"事项-岗位-人员"对应表

序号	事　项	岗位	人员
1	开展工程的日常巡视检查		
2	开展工程日常雨水情、工情观测		
3	开展工程日常的闸门启闭、斜涵等蓄放水操作		
4	开展工程日常清杂、保洁		
5	开展工程日常维修养护		
...			

注　根据工程实际情况进行增减。

2 制　度　部　分

具体参见本书附录 C 小型水库物业化管理制度汇编。

3 操　作　部　分

3.1 巡视检查

3.1.1 检查方式

3.1.1.1 日常巡查

日常巡查是由水库管理单位、巡查管护人员或巡查责任人开展的大坝日常检查工作，重点检查工程和设施运行情况，及时发现挡水、泄水、放水建筑物和近坝库岸、管理设施存在的问题和缺陷。检查部位、内容、频次等应根据运行条件和工程情况及时调整，做好检查记录和重要情况报告。

1. 检查内容

检查挡水、泄水、输水建筑物结构安全性态，金属结构与电气设备可靠性，管理设施是否满足管理需求，近坝库岸安全性等。

2. 频次要求

汛期每天至少1次、非汛期每周至少1次，对初蓄期应加大频次。具体频次各地结合实际确定。

小型水库大坝日常巡查频次

序号	巡查时段	巡查频次		备　注
		初蓄期	运行期	
1	非汛期	1～2次/周	1次/周	具体频次各水库结合实际确定
2	汛期	1～2次/天	1次/天	

注　表中巡查频次，均系正常情况下最低要求，初蓄期及大坝出现异常和险情时应加大频次。

3. 巡查流程

按照要求开展日常巡查，开展检查的工作流程图如下。

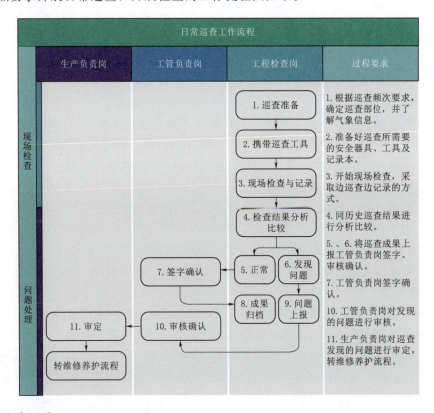

4. 检查记录

根据日常巡查情况，填写巡查记录表。

3.1.1.2 防汛检查

防汛检查是由水库主管部门、水行政主管部门及防汛行政责任人、技术责任人组织，在汛前、汛中、汛后开展的现场检查，重点检查大坝安全情况、设施运行状况和防汛工作。

1. 检查内容

挡水、泄水、放水建筑物安全状况，闸门及启闭设施运行状况，供电条件、备用电源、防汛物料准备情况，应急预案编报与演练、防汛抢险队伍落实情况，对防汛工作提出意见和建议。

2. 检查频次

每年至少 3 次，分别在汛前、汛中和汛后开展。

3. 检查记录

防汛检查情况，由防汛技术责任人填写巡查记录表。

3.1.1.3 特别检查

特别检查是指遭遇洪水、地震和大坝出现异常等情况时，由水库主管部门或水库管理单位（产权所有者）组织的专门检查。必要时可邀请专家或委托专业技术单位进行检查。

1. 检查内容

对工程进行全面检查，异常部位及周边范围应重点检查。

2. 检查频次

发生特殊情况或接到险情报告，及时组织检查。

3. 检查记录

特别检查应当形成检查报告。

3.1.2 检查方法

日常检查和防汛检查一般采用眼看、耳听、手摸、脚踩、鼻闻等直觉方法，或辅以锹、锤、尺等简单工具进行检查或量测。

眼看：观察工程平整破损、变形裂缝、塌陷隆起、渗漏潮湿等情况。

耳听：有无不正常的声响或振动。

脚踩：检查坝坡、坝脚是否有土质松软、鼓胀、潮湿或渗水。

手摸：用手对土体、渗水、水温进行感测。

鼻嗅：库水、渗水有无异常气味。

特别检查还可采用开挖探查、隐患探测、化学示踪、水下电视、潜水检查等方法。

3.1.3 检查要点

检查对挡水、泄水、放水建筑物，闸门及启闭设施，近坝库岸及管理设施情况进行检查，先总体后局部突出重点部位和重点问题。检查中要特别关注大坝坝顶、坝坡、下游坝脚、近坝水面，溢洪道结构破损、渗漏及水毁，放水涵进出口结构破损、渗漏，闸门与启闭机老化破损，穿坝建筑物渗漏等问题。对检查中发现的重要情况，做好文字描述、拍照记录。

3.1.3.1 挡水建筑物（大坝）

重点对整体形貌、防洪安全、变形稳定、渗流情况进行检查。整体形貌检查结构是否规整、断面是否清晰、坝面是否整洁，防洪安全检查挡水高程是否不足、水库淤积是否严重、蓄水历史是否过高，变形稳定检查有无明显变形和滑坡迹象，渗流情况检查下游坝坡或两坝肩是否有明显渗水，特别关注坝身溢洪道、穿坝建筑物接触渗流问题等。

对于土石坝，主要检查以下内容：

1. 坝顶

（1）坝顶路面是否平整，有无排水设施，有无明显起伏、坑洼、裂缝、变形、积水等现象。

（2）防浪墙是否规整，有无缺损、开裂、错断、倾斜、挤碎、架空等现象。

（3）两侧坝肩与两岸坝端有无裂缝、塌陷、变形等现象。

（4）坝顶兼作道路的有无危害大坝安全和影响运行管理的问题。

2. 上游坝坡

（1）坝坡是否规整，有无滑塌、塌陷、隆起、裂缝、淘刷等现象。

（2）护坡是否完整，有无缺失、破损、塌陷、松动、冻胀等现象。

（3）近坝水面线是否规整，水面有无漩涡（漂浮物聚集）、冒泡等，有条件时检查上游铺盖有无裂缝、塌坑。

3. 下游坝坡

（1）坝坡是否规整，有无滑动、隆起、塌坑、裂缝、雨淋沟，以及散浸（积雪不均匀融化、亲水植物集中生长）、集中渗水、流土、管涌等现象。

（2）护坡是否完整，有无缺失、破损、塌陷、松动、冻胀、滑塌等现象。

（3）排水系统是否完整、通畅。

4. 下游坝脚与坝后

（1）排水棱体、滤水坝趾、减压井等导渗降压设施有无异常或破坏。

（2）坝后有无影响工程安全的建筑、鱼塘等侵占现象。

5. 生物侵害

坝体有无白蚁、鼠害、兽穴、植物等生物侵害现象。

6. 近坝岸坡

（1）边坡有无滑坡、危岩、掉块、裂缝、异常渗水等现象。

（2）对于混凝土坝和浆砌石坝，主要检查混凝土结构的裂缝、剥蚀、渗漏、溶蚀、冻融破坏等，相邻坝段间的不均匀变形、伸缩缝开合、止水结构完整性；浆砌石结构是否规整、砂浆是否饱满、裂缝、渗水，相邻坝段间的不均匀变形、伸缩缝开合、止水结构完整性。

3.1.3.2　泄水建筑物（溢洪道）

重点对整体形貌、结构变形、过水面、出口段进行检查。整体形貌检查是否完建，结构有无重大缺损，有无威胁泄洪的边坡稳定问题；结构变形检查有无结构开裂、错断、倾斜等现象；过水面检查有无护砌，护砌结构是否完整，冲刷是否严重；出口段检查消能工是否完整，有无淘刷坝脚现象。

主要检查以下内容：

1. 进口段（引渠）

（1）有无人为加筑子堰、设障阻塞、拦鱼网或其他影响防洪安全的问题。

（2）进口水流是否平顺，水流条件是否正常，有无必要的护砌。

（3）边坡有无冲刷、开裂、崩塌及变形。

2. 控制段（闸室段）

（1）堰顶或闸室、闸墩、胸墙、边墙、溢流面、底板有无裂缝、渗水、剥蚀、冲刷、变形等现象。

（2）伸缩缝、排水孔是否完好。

3. 消能工

有无缺失、损毁、破坏、冲刷、土石堆积等现象。

4. 工作交通桥

（1）有无异常变形、裂缝、断裂、剥蚀等现象。

（2）护栏是否牢固，防护高度不够，是否有变形、锈蚀等现象。

5. 行洪通道

（1）下游行洪通道有无缺失、占用、阻断现象。

（2）下泄水流是否淘刷坝脚。

3.1.3.3 放水建筑物（放水涵）

重点对整体形貌、穿坝建筑物、运行方式进行检查。整体形貌检查结构是否完整可靠，有无重大缺损；穿坝建筑物特别关注穿坝结构（含废弃封堵建筑物）防渗处理情况，是否存在变形和渗漏问题；运行方式检查无压洞是否存在有压运行情况。

主要检查以下内容：

1. 进口段

（1）进水塔（或竖井）结构有无裂缝、渗水、空蚀等损坏现象，塔体有无倾斜、不均匀沉降变形。

（2）进口有无淤积、堵塞，边坡有无裂缝、塌陷、隆起现象。

（3）工作桥有无断裂、变形、裂缝等现象。

2. 洞身段

（1）洞（管）身有无断裂、坍落、裂缝、渗水、淤积、鼓起、剥蚀等现象。

（2）结构缝有无错动、渗水，填料有无流失、老化、脱落。

（3）放水时洞身有无异响。

3. 出口段

（1）出口周边有无集中渗水、散浸问题。

（2）出口坡面有无塌陷、变形、裂缝。

（3）出口有无杂物带出、浑浊水流。

3.1.3.4 金属结构与电气设备（闸门与启闭机）

1. 启闭设施

（1）启闭设施能否正常使用。

（2）螺杆是否变形、钢丝有无断丝、吊点是否牢靠。

（3）启闭设施有无松动、漏油，锈蚀是否严重，闸门开度、限位是否有效。

（4）备用启闭方式是否可靠。

2．闸门

（1）闸门材质、构造是否满足运用要求。

（2）闸门有无破损、腐蚀是否严重、门体是否存在较大变形。

（3）行走支承导向装置是否损坏锈死、门槽门槛有无异物、止水是否完好。

3．电气设备

（1）有无必要的电力供应，电气设备能否正常工作。

（2）重要小型水库有无必要的备用电源。

3.1.3.5   管理设施

1．防汛道路

（1）有无达到坝肩或坝下的防汛道路。

（2）道路标准能否满足防汛抢险需要。

2．监测设施

（1）有无必备的水位观测设施。

（2）有无必要的降雨量、视频、渗流、变形等监测预警设施。

（3）有监测设施的运行是否正常。

3．通信设施

（1）是否具备基本的通信条件。

（2）重要小型水库有无备用的通信方式。

（3）通信条件是否满足汛期报汛或紧急情况下报警的要求。

4．管理用房

有无管理用房；能否满足汛期值班、工程管护、物料储备的要求。

5．标识标牌

是否有管理和警示标识。

3.1.3.6   其他情况

上述内容以外的其他情况，如近坝岸坡有无崩塌及滑坡迹象，大坝管理范围和保护范围活动情况。

3.1.4   常见问题

1．挡水建筑物（大坝）

（1）土石坝：渗漏、裂缝、滑坡（脱坡、跌窝）、护坡破坏、白蚁危害等。

（2）混凝土坝与浆砌石坝：混凝土裂缝、渗漏、剥蚀、碳化等。

2．泄水建筑物（溢洪道）

开敞式溢洪道容易发生冲刷和淘刷、裂缝和渗漏、岸坡滑塌等；应当特别重视溢洪道拦鱼网、子堰等阻水障碍物，发现及时清理。

3．放水建筑物（放水涵）

涵管（洞）容易发生裂缝、渗漏、断裂、堵塞等问题，严重时会引起坝体塌陷、滑坡，危及大坝安全；应当特别重视坝下埋涵渗漏问题。

4. 金属结构与电气设备（闸门与启闭机）

闸门常见门体变形、门槽卡阻、锈蚀损坏、螺杆弯曲等问题，启闭机常见老化破损、振动异响、运行不灵、供电不足、电气陈旧、无备用电源等问题。

5. 管理设施

防汛道路、安全监测、雨水情测报、通信条件、管理用房不满足管理要求，管理标识标牌缺失等问题。

6. 其他情况

近坝岸坡崩塌及滑动等问题。

3.1.5　巡查路线

绘制××水库的巡查点布置及巡查路线

3.1.6　巡查工具

在进行水库巡查时，要携带巡查工具，并做好个人安全防护。

参考巡查工具：①记录工具：运行检查记录本、笔、巡查终端（智能手机）；②检查工具：根据上次巡查中发现的问题，选择性携带锤、钢卷尺、望远镜、万用表等；有裂缝等异常点需量尺寸、位置的，可带塞尺、钢卷尺测量；③安全工具：手套、救生衣、照明工具（天气阴暗或黑夜）、草帽、雨衣鞋（阴雨天）、杀虫剂（蜂类攻击）等。

3.1.7　记录和报告

1. 检查记录

每次检查均应按附录如实做好现场记录。如发现异常情况，应详细记述时间、部位、险情、处理情况等，必要时应绘草图或观测图、摄影摄像，并在现场做好标记。

每次检查后对检查原始记录进行整理或保存、上传巡查 App 巡查信息，并做出初步分析判断。

现场记录应与上次或历次检查结果进行比较分析，如有异常现象，应立即进行复查确认。

2. 检查报告

（1）检查中检查人员发现工程缺陷或异常时，应立即向技术负责人或项目负责人报告，紧急情况可直接向水库防汛行政责任人和主管部门、承接主体报告。一般应包括以下内容：①报告人；②发现时间；③异常情况；④当时水库水位及降雨情况；⑤拍照及上传情况。

（2）汛后（年度）检查和特别检查现场工作结束后提交详细检查报告（必要时附上照片及示意图）。

3. 资料整编与归档

（1）每年应进行资料整编，形成工程检查资料汇编报告。

（2）整编成果应做到项目齐全，数据可靠，图表完整，规格统一，简明扼要，按年度集中成册。

（3）各种检查记录、图纸和报告的纸质及电子文档等成果均应及时整理归档备查。

3.2 安全监测

3.2.1 监测项目

按照《土石坝安全监测技术规范》（SL 551—2012）的要求，并结合水库的具体情况，设置工程监测项目：①库水位观测；②降雨量；③渗流量；④测压管水位；⑤坝体沉降；⑥裂缝观测。

3.2.2 监测频次

库水位、降雨量汛期原则上每日观测 1 次，当库区降雨加大、库水位上涨时，根据情况增加观测频次；非汛期可每周观测 1~2 次，测压管水位和渗流量观测每周 1 次，坝体沉降观测每 3 个月 1 次。

3.2.3 监测要求

（1）观测时间应根据水库蓄水运用情况而定，要求观测到蓄水运用过程各测点形态变化和工作情况的最大值和最小值。对相互关联的观测项目，应配合同时进行。

（2）每次观测完应将观测记录与上次或历次监测结果进行比较分析，如有异常现象，应立即进行复查确认，监测结果异常的，应立即查找原因，并报告技术负责人。

（3）工程出现异常或险情状态时，应进行监测资料分析。

3.2.4 监测记录

大坝安全监测及时做好观测记录，记录格式参见附表。

3.2.5 资料整编与归档

（1）监测资料整编每年进行 1 次，收集整编时段的所有观测记录，对各项监测成果进行初步分析，阐述各监测数据的变化规律以及对工程安全的影响，并提出水库运行和存在问题的处理意见，填写监测资料整编表。

（2）资料整编过程中，发现异常情况，应按《土石坝安全监测技术规范》（SL 551—2012）和《混凝土坝安全监测技术规范》（SL 601—2013）有关要求对监测成果进行综合分析，揭示大坝的异常情况和不安全因素，评估大坝工作状态，提出监测资料分析报告。

（3）年度整编材料应装订成册，整编材料内容和编排一般为：封面、目录、整编说明、监测记录、监测资料整编表。

（4）监测资料整编材料应按档案管理规定及时归档。

3.3 维修养护

3.3.1 一般规定

（1）坚持"经常养护、随时维修、养重于修、修重于抢"的基本原则。除了直接消除建筑物本身的表面缺陷外，还应消除对建筑物有危害的社会行为，达到恢复或局部改善原有工程结构状况的目的。

（2）为了保障主体工程的正常运行，根据实际情况进行相关的维护，维修养护项目如混凝土表面维护、砂浆脱落、挡墙破损、草皮修复、止水更换、除锈刷漆等，由物业管理单位负责维修养护。

（3）如果大坝维修养护内容比较重要，如大坝建筑物突发局部破损、应急处理工程等，如需除险加固、大面积破损修复、更换设备等，则由物业管理单位上报相关情况，根据《云南省小型水库维修养护定额标准、巡查管护人员补助标准（试行）》编制施工及预算，上报主管部门向上级申请资金。

3.3.2 维修养护范围

维修养护范围包括坝顶、坝坡、坝基与坝端岸坡、溢洪道、排水体、涵洞出口、金属结构和机电设备、管理房门窗、金属护栏等。

3.3.3 维修养护要求

维修养护要求按下表执行，养护方法按《土石坝养护修理规程》（SL 210—2015）执行。

××水库维修养护实施要求

序号	项目	工 作 内 容	频次	标 准 要 求
1	坝顶	1. 清除杂草、弃物、堆积物等 2. 修补坝顶坑洼、凹陷、路面脱空等	4次/年	路面完好、平整坚实，无积水、杂草、弃物、堆积物
2	上游坝坡	1. 清除杂草、弃物、堆积物等 2. 修补坡面坑凹、陡坎等缺陷 3. 填补、楔紧脱落或松动的护坡	4次/年	表面整洁美观、无杂草、坝坡平顺、护坡（面板）完整、无破损、松动、塌陷等
3	下游坝坡	1. 清除杂草、树木、弃物 2. 处理坡面洞穴、陷坑等缺陷 3. 对枯死、损毁或冲刷流失部位播撒草籽补植	4次/年	坝坡完整，无高秆杂草（高度小于20cm）、树木、洞穴蚁害等
4	溢洪道	清除溢洪道内砂石、杂草、杂物、垃圾等	1次/年	保持通畅，无砂石、杂草、杂物、垃圾等；进口无私建底坎、拦鱼栅、渔网等阻碍物；结构表面平整，无破损、裂缝、冲坑等
5	排水体	清除排水沟（管）内的杂草、淤泥、漂浮物、垃圾等	1次/年	排水体块石完整，无杂草、泥土等淤塞、损坏，排水畅通
6	涵洞出口	清除出水口、树木、块石、垃圾等	1次/年	涵洞出口无堵塞树木、块石、垃圾等堵塞情况
7	闸门	1. 清除表面水生物、泥沙、污垢等杂物 2. 金属闸门除锈刷漆 3. 更换止水橡胶	以实际发生情况确定	门槽无杂物、门体提升方向无阻碍金属闸门无大面积或严重锈蚀情况；止水橡皮无变形、磨损、老化严重现象
8	启闭机	启闭机表面清洁，螺杆、钢丝绳应涂抹防水油脂	2次/年	启闭机表面整洁，无锈蚀，连接件保持紧固，无松动现象；螺杆、钢丝绳覆盖有防水油脂
9	管理房门窗、金属护栏	表面除锈涂漆	以实际发生情况确定	金属表面无大面积或严重锈蚀情况
10	管理区域	管理区范围内的垃圾、弃物清除与保洁	1次/周	管理区范围无垃圾、弃物，保持整洁等

3.3.4 记录及档案

日常养护应填写实施记录，实施记录见附表。同时有损坏或出现异常情况的地方应获取影像资料。每年应将记录资料装订成册，按档案管理规定及时归档。

3.4　操作运行

3.4.1　一般规定

（1）运行操作须严格依照购买主体或水库管理单位授权调度指令开展。禁止不按授权指令操作或未经授权擅自执行调度操作。运行操作或调度过程中若发生异常情况，应及时向承接主体或水库管理单位（产权所有者）报告。

（2）操作运行岗位应落实相对固定的巡查管护人员负责，禁止非运行操作人员进行操作。

（3）按照《水闸技术管理规程》（SL 75—2014）和《水工钢闸门和启闭机安全运行规程》（SL/T 722—2020）的要求，根据机电设备、放水设施等特性制定切实可行的运行操作规程，运行操作应严格按照操作规程开展，杜绝运行安全事故发生，操作规程应在操作岗位醒目位置的墙上。

3.4.2　准备工作

（1）接收指令：接收到下达的开启（或关闭）闸门指令。

（2）观察水情：观察上/下游水位、流态以及管理范围内，尤其是进水口附近情况，警告驱离周边人员，并做记录。

（3）检查设备：检查启闭机启闭设备及辅助设施（如手摇杆）是否完好，符合要求，闸门启闭状态，有无卡锁，并做记录。

3.4.3　操作运行要求

（1）闸门开启时，应先小开度闸门充水平压后再行正常开启；闸门关闭时，应尽量慢速以保持通气孔顺畅。

（2）过闸水流应保持平稳，运行中如出现闸门剧烈振动，应及时调整闸门开度。

（3）闸门启闭时应密切注意运行方向，如需改变运行方向，则应先停机，再换向。

（4）闸门启闭应严格限位操作，当闸门接近最大开度或关闭接近闸底槛时，要保持慢速并做到及时停止启闭以避免启闭设备损坏。

（5）有锁定装置的闸门，闭门前应先打开锁定装置。

（6）手动启闭机闭门时，严禁松开制动器使闸门自由下落，操作结束应立即取下摇柄。

（7）闸门启闭时发现沉重、停滞、异响等异常情况应及时停止操作并检查，加以处理，及时记录上报。

（8）闸门启闭结束后，操作人员应校对闸门开度，观察上、下游水位及流态，切断电源，同时做好闸门启闭运行记录。

（9）操作完毕后，对闸房再巡视一次，如无异常，将扳手放置在固定位置，打扫完卫生后，锁好闸房门。

（10）闸门启闭操作完毕，要及时报告主管领导。

3.4.4　操作运行记录

（1）操作人员应按附录表格填写运行操作记录，及时、真实记录运行操作情况。

（2）运行操作记录内容应包括：操作依据、操作时间、操作人员，操作过程历时，上、下游水位及流量、流态情况，操作前后设备状况，操作过程中出现的异常情况和采取的措施，操作人员签字等。

（3）记录本应放置于操作岗位醒目位置，所有运行操作均应记录在案并按月分册存档。

3.5　白蚁防治

3.5.1　一般规定

（1）白蚁防治遵循"安全环保、防治结合、综合治理、持续防控"的原则。

（2）可根据《土石坝养护修理规程》（SL 210—2015）及其他的相关规定进行白蚁及其他动物危害防治工作。

（3）每年要制定白蚁防治计划，管理人员负责白蚁蚁害巡查和预防，发现存在明显蚁害安全隐患时，可委托专业白蚁防治公司进行处理。

（4）白蚁蚁害检查时应对水库大坝各部位及邻近大坝的蚁源区进行全面的检查，每年至少进行 2 次全面检查，检查时间一般为 4—6 月和 9 月下旬至 11 月下旬。

（5）白蚁蚁害检查时应特别观察坝体湿坡、散浸、漏水、跌窝等现象，对白蚁活动留下的痕迹或真菌指示物等应做好记录，并设置明显标记或标志，填写相关记录表。

（6）检查结束后，应对白蚁及其他动物危害进行全面分析，初步评估危害程度及后果，有针对性地制定防治方案。

（7）管理单位应及时清除坝坡、两岸山坡及蚁源区白蚁喜食的物料，消除白蚁繁殖条件；并在白蚁分飞期（4—6 月）减少坝区灯光。

3.5.2　白蚁防治实施

（1）确定检查路线、部位，准备必要的器具、药剂及记录本。

（2）携带准备的检查工具。

（3）对白蚁监测点内的材料逐个查看，并做好记录。

（4）同前一次检查结果进行对比分析。

（5）若结果正常，将检查正常的结果签字确认；若发现问题，将发现的问题报项目负责人审核确认。

（6）根据问题处置所需资金。

（7）制定白蚁等有害生物处置的技术方案并报主管部门。

（8）主管部门同意意见后可以委托专业技术单位实施。

（9）对项目进行管理，做好记录。

（10）对白等有害生物的问题进行处置并做好处置记录和资料整理。

（11）组织对委托项目的实施成果进行验收。

3.5.3　记录及档案

按照有害生物防治检查、防治实施等内容开展工作并做好记录，涉及资料整理存档。

3.6 安全管理

3.6.1 一般规定

（1）水库工程安全管理责任主体不变。

（2）主要负责工作范围内的工程安全管理与安全生产管理工作，并协助水库主管部门和管理单位（产权所有者）做好工程安全管理。

（3）建立安全管理制度，落实安全责任制，加强安全生产管理工作。

3.6.2 工程安全管理

（1）制定汛期值班值守制度，遇连续暴雨、大暴雨、库水位快速上涨或高水位时，应安排水库巡查管护人员或技术负责人参与水库 24 小时值班值守。

（2）按照工作权限及时阻止破坏和侵占水利工程、污染水环境以及其他可能影响人员安全、工程安全和水质安全的行为，并及时报告购买主体或水库管理单位。

（3）按照安全管理（防汛）应急预案的要求，参加水库大坝突发事件应急处置，负责巡视检查、险情报告和跟踪观测，配合开展工程抢险和应急调度，参与应急演练。

3.6.3 安全生产管理

（1）明确安全生产责任，建立安全防火、安全保卫、安全技术教育、事故处理与报告等安全生产管理制度。

（2）开展安全生产教育和培训，特种作业人员应持证上岗。

（3）在机械传动部位、电气设备等危险部位应设有安全警戒线或防护设施，安全标志应齐全、规范。

（4）应按规定定期对消防用品、安全用具进行检查、检验，确保其齐全、完好、有效。

3.7 档案管理

3.7.1 一般规定

（1）按照《水利档案工作规定》《水利科学技术档案管理规定》等相关规定开展档案管理工作。

（2）健全档案管理制度，落实档案（资料）管理人员；设置专用的档案库房或专用档案柜，做好档案资料除尘防腐、虫霉防治、防火防盗、照明管理等工作。

（3）根据要求和合同约定开展定期和临时档案移交工作。合同期满后，档案资料全部移交给购买主体。

3.7.2 档案管理要求

（1）根据××水库实际情况，物业化管理档案，包括凡在工作中形成的文件和具有查考利用价值的各类资料、原始记录、各种图表簿册、照片以及与相关的上级事文等。

（2）每项工作结束后，档案（资料）管理人员应及时将归档的文件材料收集齐全，核对准确，整编归档。

（3）归档的文件材料应字迹清晰、耐久、签署完备，不得采用铅笔、圆珠笔和复写纸书写。

（4）档案资料整编应做到分类清楚，存放有序，方便使用。

3.8 考评考核

3.8.1 考核办法

物业化管理考核标准参照《水利部关于印发〈关于推进水利工程标准化管理的指导意见〉〈水利工程标准化管理评价办法〉及其评价标准的通知》（水运管〔2022〕130 号）。物业化管理考核实行不定期抽查、季度定期考核和年度考核相结合的考核制度。季度考核作为核发进度款的标准，年度考核作为考虑与物业化管理承接主体续签下一年度合同的参考条件。

水库所属乡镇主管部门按季度、县水务局按年度对水库安全运行情况和物业化管理承接主体合同履行情况进行考核。

3.8.2 日常检查

由小型水库工程所在各乡镇人民政府分别组织，每 3 个月开展检查不少于 1 次，不少于 2 人 1 组，可采取抽查的办法进行，评定结果分为：优秀（分数≥850 分）、良好（750 分≤分数＜850 分）、合格（650 分≤分数＜750 分）、不合格（分数＜650 分）4 个等次，检查组成员签名确认后，其结果作为季度考核和年终考核评定的参考依据。

3.8.3 定期抽查

由县水务局组织，每年至少 1 次，定期抽查工程数量应不少于合同维修养护范围工程数量的 30％。定期抽查组须对所检查工程的管护情况做好记录，并依据抽查情况对维修养护总体情况作出评定，评定结果分为优秀（分数≥850 分）、良好（750 分≤分数＜850 分）、合格（650 分≤分数＜750 分）、不合格（分数＜650 分）4 个等次，抽查组成员签名确认后，评定结果作为年终考核评定的参考依据。

3.8.4 年度考核

合同期内每年组织 1 次，在第 4 次日常检查考核结束后 10 日内组织实施，由县水务局和各相关乡镇共同负责，根据日常检查结果（占比 50％），定期抽查结果（占比 30％），年度考核结果（占比 20％），进行综合评分，评定结果分为优秀、良好、合格、不合格 4 个等次。

4 附　　件

附件 1：××水库划界图纸。

附件 2：××水库安全鉴定报告。

附件 3：××水库防汛抢险应急预案。

附件 4：××水库大坝安全管理应急预案。

附件 5：××水库调度规程。

参 考 文 献

［1］ 水利部运行管理司，水利部建设管理与质量安全中心 . 水库安全管理应知应会手册［M］. 北京：中国水利水电出版社，2023.

［2］ 袁明道，史永胜，张旭辉，等 . 广东省小型水库安全运行管理标准化工作指导手册［M］. 北京：中国水利水电出版社，2020.

［3］ 袁明道，史永胜，张旭辉，等 . 水库物业化管理养护技术研究及指南［M］. 北京：中国水利水电出版社，2021.

［4］ 《小型水库安全运行与管理》编委会 . 小型水库安全运行与管理［M］. 北京：中国水利水电出版社，2022.

［5］ 水利部建设与管理司，水利部建设管理与质量安全中心 . 小型水库管理实用手册［M］. 北京：中国水利水电出版社，2016.

［6］ 浙江省水利河口研究院（浙江省海洋规划设计研究院），浙江广川工程咨询有限公司 . 浙江省小型水库物业化管理服务标准（试行）［Z］. 2024.

［7］ 福建省水利厅 . 福建省小型水库管护购买服务技术规程（试行）［Z］. 2020.